《数学中的小问题大定理》丛书（第八辑）

多项式逼近问题
——从一道美国大学生数学竞赛试题谈起

刘培杰数学工作室 编

◎ 从一道数学竞赛试题的解法谈起
◎ 最佳逼近多项式
◎ 多元函数的三角多项式逼近
◎ 在具有基的 Banach 空间中的最佳逼近问题
◎ 变形的 L_7 有理逼近

哈尔滨工业大学出版社
HARBIN INSTITUTE OF TECHNOLOGY PRESS

内容简介

本书首先介绍了一道数学竞赛题的解法,其次详细介绍了最佳逼近多项式、多元函数的三角多项式逼近、在具有基的 Banach 空间中的最佳逼近问题、变形的 L_1 有理逼近等相关知识,在附录中还介绍了第十一届全国大学生数学竞赛决赛的情况.

本书适合高等院校师生和数学爱好者参考阅读.

图书在版编目(CIP)数据

多项式逼近问题:从一道美国大学生数学竞赛试题谈起 / 刘培杰数学工作室编. —哈尔滨:哈尔滨工业大学出版社,2024.10. —ISBN 978-7-5767-1671-9

Ⅰ.O174.41

中国国家版本馆 CIP 数据核字第 2024KA0465 号

DUOXIANGSHI BIJIN WENTI:CONG YIDAO MEIGUO DAXUESHENG SHUXUE JINGSAI SHITI TANQI

策划编辑	刘培杰 张永芹
责任编辑	聂兆慈
封面设计	孙茵艾
出版发行	哈尔滨工业大学出版社
社　　址	哈尔滨市南岗区复华四道街 10 号 邮编 150006
传　　真	0451-86414749
网　　址	http://hitpress.hit.edu.cn
印　　刷	黑龙江艺德印刷有限责任公司
开　　本	787 mm×960 mm　1/16　印张 9　字数 182 千字
版　　次	2024 年 10 月第 1 版　2024 年 10 月第 1 次印刷
书　　号	ISBN 978-7-5767-1671-9
定　　价	48.00 元

(如因印装质量问题影响阅读,我社负责调换)

目录

第1章 从一道数学竞赛试题的解法谈起 //1

第2章 最佳逼近多项式 //11

　§1 最佳逼近多项式 //12

第3章 多元函数的三角多项式逼近 //17

　§1 引论 //17

　§2 定理1的证明 //21

　§3 定理2的证明 //24

　§4 定理3的证明 //27

第4章 在具有基的 Banach 空间中的最佳逼近问题 //32

第5章 变形的 L_1 有理逼近 //46

　§1 引言 //46

　§2 存在性定理 //47

　§3 特征定理 //50

　§4 唯一性定理及其他定理 //53

附录 第十一届全国大学生数学竞赛决赛(附获奖名单) //59

参考资料 //101

从一道数学竞赛试题的解法谈起

第 1 章

美国大学生数学竞赛又名普特南数学竞赛,全称是威廉·洛厄尔·普特南数学竞赛,是美国及整个北美地区大学低年级学生参加的一项高水平赛事.

威廉·洛厄尔·普特南(William Lowell Putnam)曾任哈佛大学校长(自 1640 年以来,哈佛大学只有 29 位校长,而美国建国比哈佛大学建校大约晚了 140 年,却已经有了 44 位总统),1933 年退休,1935 年逝世.他留下了一笔基金,两个儿子就与全家的挚友——美国著名数学家 G. D. 伯克霍夫①商量,举办一个数学竞赛,伯克霍夫强调说:"再没有一个学科能比数学更易于通过考试来测定能力了."首届竞赛在 1938 年举行,以后除了 1943—1945 年因第二次世界大战停了两年,其余一般都在每年的十一、十二月份举行.

这个竞赛是美国数学会组织的,为了保证竞赛的质量,组委会特组成了一个三人委员会主持其事,三位委员是:波利亚②,著名数学家,数学教育家,数学解题方法论的开拓者,曾

---

① 伯克霍夫(Birkhoff, George David),美国数学家,1884 年 3 月 21 日生于密歇根,祖籍是荷兰. 1912 年起任哈佛大学教授,后来一直生活在坎布里奇(即哈佛大学所在地).他是美国国家科学院院士,1944 年 11 月 12 日逝世.

② 波利亚(Pólya, George),美籍匈牙利数学家,1887 年 12 月 13 日生于匈牙利的布达佩斯. 在中学时代,波利亚就显示了突出的数学才能.他先后在布达佩斯、维也纳、哥廷根、巴黎等地学习数学、物理学、哲学等. 1912 年在布达佩斯的约特沃斯·洛伦得大学获哲学博士学位,1914 年在瑞士苏黎世的联邦理工学院任教,1928 年成为教授,1938 年任院长. 1940 年移居美国,在布朗大学任教,1942 年起在斯坦福大学任教. 1985 年 9 月 7 日在美国病逝,终年 98 岁.

多项式逼近问题——从一道美国大学生数学竞赛试题谈起

主办过延续多年的斯坦福大学数学竞赛(此项赛事中国有介绍,见科学出版社出版的由中国科学院陆柱家研究员翻译的《斯坦福大学数学天才测试》);拉多①,匈牙利数学竞赛的早期优胜者,对单复变函数、测度论有重大贡献,曾与道格拉斯(Douglas)同时独立地解决了极小曲面的普拉托(Plateau)问题;卡普兰斯基②,著名的代数学家,第一届普特南数学竞赛的优胜者.

普特南数学竞赛的优胜者中日后成名者众多,其中有五人获得了菲尔兹奖:米尔诺③,曼福德④,奎伦⑤,科恩⑥,汤普森⑦.诺贝尔物理学奖得主中参加过普特南数学竞赛并获奖的有:Kenneth G. Wilso,Richard Feynman,Steven Weinberg,Murray Gell-Mann,以奥斯卡获奖影片《美丽心灵》而被国人广为知晓的诺贝尔经济学奖得主约翰·纳什(John Nash)名列前10名.难怪有人说:"伯克霍夫父子(儿子B.伯克霍夫也是当代活跃的数学家)是普特南家族的密友,这一点是美国低年级大学数学事业的幸运."

这项赛事,题目多出自名家之手,难度很大,质量颇高,受全球数学界所瞩目.历年来仅有3位选手获得过满分(一位在1987年,两位在1988年.1987年的满分由David Moews得到),其中一位是哈佛大学统计学教授吴大峻先生,可见华人数学能力之强.

西风东渐,数学竞赛作为西方数学的一种形态也被引入中国,尽管我们有些数学史家喜欢将明代程大位的《算法统宗》中的一幅木刻插图《师生问难图》当作最早的数学竞赛在中国的证据,但那只是雏形.当今中国确实已经成为一

---

① 拉多(Radó, Tibor),匈牙利数学家,生于匈牙利的布达佩斯,卒于美国佛罗里达州的新士麦那比奇.

② 卡普兰斯基(Kaplanski, Irving),美国数学家,1917年3月22日出生于加拿大多伦多,祖籍波兰,父母于第一次世界大战前移居加拿大.1938年在多伦多大学获硕士学位,1941年获哈佛大学博士学位,并留校任教,1975年任美国数学会副主席,1985—1986年任主席,1966年被选为美国国家科学院院士.

③ 米尔诺(Milnor, John Willard),美国著名数学家,1931年2月20日生于新泽西州奥兰治,他在中学时就是一位数学奇才,1951年毕业于普林斯顿大学,1954年获博士学位,并留校任教,60年代末成为普林斯顿高等研究院教授,他是美国国家科学院院士,美国数学会副会长.

④ 曼福德(Mumford, David Bryart),美籍英国数学家,1937年6月11日生于撒塞克斯郡.16岁进入哈佛大学,1961年获博士学位,1967年起任哈佛大学教授,1974年获菲尔兹奖.

⑤ 奎伦(Quillen, Daniel Gray),美国数学家,1940年4月22日生于新泽西州奥兰治,1969年起任麻省理工学院教授,他是美国国家科学院院士.

⑥ 科恩(Cohen, Paul Joseph),美国数学家,生于新泽西州,毕业于芝加哥大学,1954年获硕士学位,1958年获博士学位,1966年获菲尔兹奖.

⑦ 汤普森(Thompson, John Griggs),美国数学家,1955年获耶鲁大学学士学位,1959年获芝加哥大学博士学位,1970年获菲尔兹奖,1992年获沃尔夫奖,同年被法国科学院授予庞加莱金质奖章.此奖章只在特殊情况下才颁发,到目前为止只有3人获此殊荣,前两人是J.阿达马(1962年)和P.德利涅(1974年).

个中小学数学竞赛大国.从"华罗庚金杯"到"希望杯",从初中联赛到高中联赛,从中国数学奥林匹克(CMO)到国际数学奥林匹克(IMO),层次众多,体系完备.全国大学生数学竞赛也曾经举办过十届(见许以超,陆柱家编著的《全国大学生数学夏令营数学竞赛试题及解答》).

其实普特南数学竞赛可以看成 IMO 的延伸,以第 42 届 IMO 美国队获奖者为例,其中 IMO 历史上唯一一位连续 4 年获得金牌且最后一年以满分获得金牌的里德·巴顿在参加完 IMO 之后的秋天进入了麻省理工学院,那年 12 月(与第 42 届 IMO 同年)他参加了普特南数学竞赛,在这次竞赛中,他获得前 5 名(前 5 名中个人的名次没有公开),而他所在的麻省理工学院代表队仅次于哈佛大学代表队,获得了第 2 名.

另外一位第 42 届 IMO 满分金牌得主(此次 IMO 共 4 名选手获满分,另两名是中国选手)加布里埃尔·卡罗尔也在同一年作为大一新生加入了哈佛大学普特南数学竞赛代表队,并且在竞赛中也获得了个人前 5 名.

这项赛事的成功是与哈佛大学的成功相伴的,普特南数学竞赛始于西点军校与美国哈佛大学的一场球赛,所以要真正了解此项赛事就必须对这两所名校有所认识,特别是哈佛大学.

17 世纪初的英国,宗教斗争十分激烈,清教徒处境艰难,他们陷入两难境地,既不愿抛弃自己的信仰,又不愿拿起武器同当时的国王宣战,最后只能选择背井离乡,远涉重洋,去美洲开辟自己的理想之国.从 1620 年"五月花号"运载的 200 名清教徒到达美洲,到 1630 年在新英格兰的新教徒已多达 2 万之众.

当他们历尽艰辛建起了美国的教堂之后,一个问题随之出现,"当我们这一代传教士命归黄泉之后,我们的教堂会不会落入那些不学无术的牧师手里?"因为在这些清教徒中,有 100 多人是牛津、剑桥大学毕业的,他们一直在考虑怎样使"我们的后人也受到同样的教育".于是他们决心在荒凉的新英格兰兴起一座剑桥式的高等学校,它的使命是"促进学术,留传后人".

1636 年 10 月 28 日马萨诸塞州议会做出决议:拨款 400 英镑兴办一所学校,后人便把此日定为这所学校的诞生日.次年 11 月 5 日,州议会命名学校的所在地为"坎布里奇",校名为"坎布里奇学院".

在坎布里奇附近有个小镇,镇上有个牧师叫约翰·哈佛,他是 1635 年剑桥伊曼纽学院的文学硕士,他来到这个镇上不过一两年时间,便因肺结核去世,临终遗嘱把一半家产和 400 册藏书捐赠给坎布里奇学院,这一半遗产是 779 英镑 17 先令 2 便士,是州议会拨款的近 2 倍,而那 400 册藏书,在今天看来并不算什么,但以当时的出版之难,以新英格兰离欧洲文化中心之远,堪称可贵.因有这一慷慨遗赠,州议会遂于 1639 年 3 月 13 日把学院改名为"哈佛学院",这就是哈佛大学的肇始.

2万清教徒,在荒凉的北美洲东海岸,办起一座剑桥式的学院,兴起一座文化城,它至今仍叫"坎布里奇".这个地名,凝结着清教徒的去国怀乡之情;这个校名,体现了清教徒的莫大雄心:"把古老大学的传统移植于荒莽的丛林".

数学在早期哈佛大学中并非重点.在1640年亨利·邓斯特(Henry Dunster)受命为哈佛大学第一任院长时,他遵照古老大学的模式,在设置希伯来、叙利亚、亚拉姆、希腊、拉丁等古代语和古典人文学科之外,还设置了逻辑、数学和自然科学课程,并在1727年设立了数学和自然哲学的教授席,在设立之时,它就宣称:"《圣经》在科学上并无权威,当事实被数学、观察和实验证明的时候,《圣经》不应与事实冲突."可是宣言只是一种倾向,它在很长的一段时期里没有成为主流,哈佛大学仍旧沿着古老大学的传统生长,重点还在古典人文学科.

哈佛大学理科的振兴是从昆西开始的,昆西是1829年在浓厚的守旧气氛中上台的,为了名正言顺地实施振兴计划,他开始寻找根据,在1643年的档案中他找到了哈佛的印章设计图,设计的印章上赫然有个拉丁词:Veritas(真理).这是业经董事会通过的,但为什么一直没用,无从查考,但是它给昆西带来启示:追求真理,这不正是大学的最高目标吗?他把这一发现反映给董事会,要求把这个拉丁词铸到印章上,恢复清教徒的理想,但在1836年,他的要求未获通过,直到1885年才正式成为哈佛印章的标记.

哈佛大学从20世纪初至今一直是世界数学的中心之一,也是美国数学的重镇.看一看曾经和现在数学系教授的明星阵容就可知其分量:阿尔福斯(Ahlfors)1946—1977年任哈佛大学教授,是菲尔兹奖和沃尔夫奖的双奖得主;伯格曼(Bergman)1945—1951年在哈佛大学任讲师;G.伯克霍夫(G. Birkhoff)1936—1981年在哈佛大学任教;G. D.伯克霍夫(G. D. Birkhoff)1912年后在哈佛大学任教;博特(Bott)1959年后在哈佛大学任教;布饶尔(Brauer)1952年起在哈佛大学任教;希尔(Hille)1921—1922年任教于哈佛大学;卡兹当(Kazdan)1963—1966年在哈佛大学任讲师;瑞卡特(Rickart)1941—1943年在哈佛大学任助教;马库斯(Markus)1951—1952年在哈佛大学任讲师;莫尔斯(Morse)1926—1935年任教于哈佛大学;莫斯特勒(Mosteller)1946年起任教于哈佛大学;丘成桐(Yau Shing-Tung)1983年起任教于哈佛大学;沃尔什(Joseph)1921—1966年任教于哈佛大学.

在国际大学生数学竞赛中有两大强国:一是美国,二是苏联.对于后者也已请湖南大学的许康教授为我们数学工作室编译一本《前苏联大学生数学奥林匹克竞赛题解》,但我们首先要介绍的是美国,因为从20世纪开始,世界数学的中心就已经从德国移到了美国.1987年10月24日,日本著名数学家志贺浩二在日本新潟市举行的北陆四县数学教育大会高中分会上以"最近的数学空气"为题发表了演讲,其中特别提到了美国数学的兴起,他说:

与整个历史的潮流相同,在数学方面,美国的存在也值得大书特书.在第二次世界大战的风暴中,优秀的数学家接连不断地从欧洲移居到能够比较平静地继续进行研究的美国,特别是犹太人,他们擅长数学的创造性,人们以为,数学史上大部分实质性的进步是由犹太人取得的.许多犹太血统的数学家逃到美国,于是,美国社会就出现了现在这种数学的全新面貌,可以说浑然一体的数学社会诞生了.到20世纪前半叶为止的欧洲,权威思想常常有社会观念作背景,数学也在和哲学权威、大学权威、国家权威等错综复杂的互相作用的同时,来保持数学学科的权威.高木(贞治)赴德时,以希尔伯特为中心的哥廷根大学的权威俨然存在;1918年独立后的波兰,在独立的同时,新兴数学的气势好像象征国家希望似的日益高涨.

然而,由于从欧洲各国来的数学家汇集美国社会,还由于美国社会心平气和地接受了他们,所以一直支撑学术的大学或国家的权威至今已一并崩溃,整个数学恰与今天的美国社会一样浑然一体.美国社会可以说是某种混合体似的社会,具有使每个个人利用各自的力量激烈竞争而生存下去的形态,从中也就产生了领导世界的巨大的数学社会,这当然是于20世纪后半叶在数学社会中发生的新现象.

按照社会学的研究,任何社会都是分层的,而各层之间是需要流动的,流动通道是否畅通决定了一个国家的兴衰.青年阶段是人生上升的最重要阶段,社会留给他们怎样的上升通道决定于整个社会对人才的认识与需求,曹雪芹的时代就是科举,而于连的时代是选择红与黑(主教与军官),而当今社会大多数国家普遍选择教育,特别是高等教育来作为人生进阶的方法,这当然是世界各国的共识,也是大趋势.

英国小说家萨克雷(Thackeray)曾写过多篇讽刺上层社会的作品,如长篇小说《名利场》《潘登尼斯》,在其作品中描述了一种大学里的势利小人(university snobs),他们是这样的一种人:"他在估量事物的时候远离了事物的真实、内在价值,而迷惑于外在的财富、权力或地位所带来的利益.当然存在这样的小人,他们会匍匐在那些财富、权力或地位占有者的脚下,而那些优越的人也会俯视着这些没有他们幸运的家伙.在美国东部的某些学院中,阿谀权贵家庭的情况的确存在,但并没有走到危险的地步.我们大学里那些豪华的学生宿舍和俱乐部表明铺张浪费、挥霍钱财的情况确实存在,但是就整体而言,美国大学中对财富的势利做法相对比较少;这一类的做法已经遍及全国,连低级杂志给富人揭短反而也助长了读者的势利心态,想到这一点,也许我们更该知足了吧!在我们的大学中还有一种愿望同样值得称赞,那就是让每个人都得到一次机会,事实上,大学院系中更具人道主义精神的成员们很乐于浪费他们的精力,力图根据学生的能力而不仅是他们的出身来提携学生,使他们超越自己原来所属的层次."([美]欧文·白璧德著.文学与美国的大学.张沛,张源,译.北京:北京大学出版社,2004,51)

解决这一弊端的一个好办法就是在大路上再修一条能快速通过的小路,除正面楼梯外再给天才们留一个后楼梯,那就是竞赛.

那么为什么偏偏选择数学竞赛这种方式呢?

日裔美国物理学家加来道雄(Michio Kaku)在其科普新作《平行宇宙》(Parallel Worlds)中指出:"在历史上,宇宙学家因名声不是太好而感到痛苦.他们满怀激情所提出的有关宇宙的宏伟理论仅仅符合他们的一点可怜的数据,正如诺贝尔奖获得者列夫·兰道(Lev Landau)所讽刺的:'宇宙学家常常是错误的,但从不被怀疑.'科学界有句格言:'思索,更多的思索,这就是宇宙学.'"

在整个宇宙学的历史中,由于可靠数据太少,导致天文学家长期的不和和痛苦,他们常常几十年愤愤不平.例如,就在威尔逊山天文台的天文学家艾伦·桑德奇(Allan Sandage)打算做一篇有关宇宙年龄的讲演前,先前的发言者尖锐地说:"你们下一个要听到的全是错."当桑德奇听到反对他的人赢得了很多听众,他咆哮着说:"那是一派胡言乱语,它是战争——它是战争!"

想一想连素以自然科学自居的天文学的大家之间都很难达成共识,其他学科可想而知,所以要想客观,要想权威,要想公正,数学竞赛是一个不错的选择.当然围棋也可以,不过那种选拔只能是手工作坊式的,无法大面积批量"生产人才".历史总会选择大规模、低成本的生产方式,包括选拔人才.商务印书馆创始人张元济先生舍弃地位显赫的公学校长一职而转投当时尚为"街道小厂"的商务印书馆时,所有的人都不理解,后来他才告诉大家,出版之影响远胜于教育,因为它可以快速批量复制.以当时中国的人口规模而言,商务印书馆所发行的课本近一亿册,不能不令人惊叹.

数学竞赛无疑是为了选拔和发现精英,我们不妨关注一下世界最顶尖的精英集合——诺贝尔奖获得者团体.2008年的诺贝尔奖评选已揭晓,领奖台上又多是欧美科学家,中国科学家再次沦为看客.从外表上看,中外大学生都在忙着学知识,但实质上动机有所不同,就像围棋界中既有大竹英雄、武宫正树那样的"求道派",也有坂田荣男、小林光一那样的"求胜派"一样.北京大学教授陈平原在《大学何为》中指出:"总的感觉是,目前中国的大学太实际了,没有超越职业训练的想象力.校长如此,教授如此,学生也不例外."

以大学生数学竞赛为例,本来数学竞赛是用以发现具有数学天赋的数学拔尖人才的一种选拔方式,但在中国却早已蜕变为另一场研究生入学考试,试题极其相近,风格极其相似,一路对高深数学的探索之旅早已演变成追求职业功名的器物之用,而且现在出版的此类图书早已将两者合二为一了,比如笔者手边的一本《大学生数学竞赛试题研究生入学数学考试难题解析选编》即是如此.于是,两类目的不同,风格应该迥异的考试就这样"融合了",所以人们现在格外关注大学精神.

有人把大学的精神境界分为三类:第一类,追求永恒之物,如真理(西方文化里的"上帝");第二类,追求比较稳定的事物,如公平、正义、知识等;第三类,追求变化无常的事物,如有用、时尚等.美国一些重点大学一般追求的是第一、二类价值.以2007年美国大学排名的前4位的校训为佐证:普林斯顿大学Under God's power she flourishes(拉丁语:Dei Subnumine viget),即借"神"之神力而盛;哈佛大学:Truth(拉丁语:Veritas),即真理;耶鲁大学:Light and truth(拉丁语:Lux et veritas),即光明与真理;加州理工学院:The truth shall make you free,即真理使人自由.

王国维的《人间词话》是这样开篇的:"词以境界为最上.有境界,则自成高格,自有名句."

在2002年的 *Newsweek International* 上 Sarah Schafer 以 *Solving for Creativity* 为题发表文章说:"(中国大学教育的)这种平庸性可能会削弱中国的技术抱负,这个国家希望不只是一个世界工厂,北京希望自己的高技术中心能与硅谷相匹敌,但是许多最伟大的创新来自于在实验室中从事纯粹研究的学者,当然,一个到处都是中学数学精英的国家可以为世界提供数以百万计的合格的电脑程序员.如果中国真的想成为一个高科技的竞争者,那么中国学生就必须能够创造尖端技术,而不是简单地服务于它."

有人提出现在在中国大学中数学建模大赛日盛,将来能否有一天纯数学竞赛会被其取代的问题.对于这种疑问我们可以肯定地说:"在可预见的将来不会,因为就像纯数学永远不可能被应用数学取代一样."

陆启铿先生在庆祝中国科学院理论物理所建所30周年大会上的讲话中谈到了一个关于应用的例子.

1959年陆启铿先生受华罗庚先生委托,接受了程民德先生的邀请到北京大学数学系为学生开设一个多复变函数课程的任务.学生们质问陆先生:"多复变是如何产生的?"陆先生说:"最初是由推广单复变数的一些结果产生的."学生们又问:"多复变有什么实际应用?"陆先生说:"到目前为止还不知道."

陆先生为此感受到很大的压力,后来直到参加了张宗燧先生的色散关系讨论班,才知道多复变可用于色散关系的证明,就是卢博夫(Bogo Luibov)的劈边定理(edge of wedge theorem),也知道未来光锥的管域,就是华罗庚的第四类典型域.纯数学是应用数学的上游,是本与末的关系,美国高等研究院(Institute of Advanced Study,简记为IAS)的波莱尔(A. Borel)教授将数学比作冰山,他说:

露在水面以上的冰峰,即可以看到的部分,就是我们称为应用数学的部分,在那里仆人在勤勉、辛苦地履行自身的职责,隐藏在水下的部分是主体数学或纯粹数学,它并不在大众的接触范围之内,大多数人只能看到冰峰,但他们并没有意识到,如果没有如此巨大的部分奠基于水下,冰峰又怎能存在呢?

其实数学在整个社会文化知识体系中也是大多处于水下部分,但这一点已被更多的人发觉.江苏教育出版社的胡晋宾和南京师范大学附属中学的刘洪璐注意过一个有趣的现象,那就是国内许多大学的校长(包括现任的、离任的,以及正职、副职)都是数学专业出身,具体见表1.

表 1

数学家	所在大学
熊庆来	云南大学
何 鲁	重庆大学(安徽大学)
华罗庚	中国科技大学
苏步青	复旦大学
柯 召	四川大学
吴大任	南开大学
钱伟长	上海大学
丁石孙	北京大学
齐民友	武汉大学
胡国定	南开大学
谷超豪	复旦大学(中国科技大学)
伍卓群	吉林大学
龚 升	中国科技大学
潘承洞	山东大学
王梓坤	北京师范大学
黄启昌	东北师范大学
李岳生	中山大学

续表 1

数学家	所在大学
梅向明	首都师范大学
陈重穆	西南师范大学(现西南大学)
王国俊	陕西师范大学
管梅谷	山东师范大学
李大潜	复旦大学
刘应明	四川大学
张楚廷	湖南师范大学
陆善镇	北京师范大学
陈述涛	哈尔滨师范大学
侯自新	南开大学
王建磐	华东师范大学
程崇庆	南京大学
宋永忠	南京师范大学
黄达人	中山大学
程 艺	中国科技大学
叶向东	中国科技大学
史宁中	东北师范大学
展 涛	山东大学
竺苗龙	青岛大学
庾建设	广州大学
陈叔平	贵州大学
吴传喜	湖北大学

据不完全统计共 39 位,正如胡晋宾、刘洪璐两位所分析:这个现象与数学学科的育人价值有关系. 苏联数学家 A. D. 亚历山大洛夫(A. D. Aleksandrov) 认为,数学具有抽象性、严谨性和广泛应用性,以此推断,数学的抽象性能够使得数学家在校长的岗位上容易抓住纷繁芜杂事务背后的本质,并对之进行宏观调控,实现抓大放小和有的放矢. 数学学习讲究原则,数学推理遵循公理,数学思维严谨缜密,这些使得人们对数学家的为人处世的客观性和公正性有较好的口碑,因而更加具有社会基础. 学习数学的人具有较强的逻辑思维能力,务实能力强,因而做行政工作时执行力强,更加有条不紊. 数学的应用广泛性,也功不

可没.数学学习中经历的思想、精神和方法具有较强的迁移作用,能够为担任校长职务锦上添花;现在的许多大学规模宏大,人员众多,校长面临的许多问题或许会用到数学的思想、方法和技术,因为数学已经从幕后走到台前,渗透到社会生活的方方面面,正因如此,数学家相对而言能更加胜任大学校长的角色.

美国人对数学的热情与重视可从下面的两件小事中得以反映.

1963 年 9 月 6 日晚上 8 点,当第 23 个梅森素数 $M_{11\,213}$ 通过大型计算机被找到时,美国广播公司(ABC)中断了正常的节目播放,以第一时间发布了这一重要消息.发现这一素数的美国伊利诺伊大学数学系全体师生感到无比骄傲,为了让全世界都分享这一成果,他们把所有从系里发出的信件都盖上了 "$2^{11\,213}-1$ is prime"($2^{11\,213}-1$ 是素数)的邮戳.

第二件事是 1933 年的大学生数学竞赛中西点军校代表队打败了哈佛大学代表队,一位军校生获得了个人最高分,报纸报道了军队的胜利,并且西点军校队收到了陆军参谋长道格拉斯·麦克阿瑟(Douglas MacArthur,曾以 94.18 分的平均成绩获西点军校自他以前 25 年来的最高分,此人在抗美援朝战争中被中国人知晓)的一封特殊的贺信.

有一份报告(National Research Council(NRC),Educating mathematical Scientists:Doctoral Study and the postdoctoral experience in the United States,National Academy Press,1992)指出:

> 美国教育制度的主要长处之一就是其多样性.在任何水平——博士/博士后、大学、中学和小学——都不能强加单一的教育范例,不同的教学计划可能达到同样的目标.这种教育制度鼓励创新以及满足专业和国家需要的当地解决办法的研究,然后这种当地解决办法就会传播开,从而改进所有地方的教育.

最佳逼近多项式

第 2 章

第 39 届(1978 年 12 月 2 日)美国大学生数学竞赛的试题 B5 为:

例 1 求出一个最大的数 A,使得存在一个实系数多项式
$$p(x) = Ax^4 + Bx^3 + Cx^2 + Dx + E$$
当 $-1 \leqslant x \leqslant 1$ 时满足 $0 \leqslant p(x) \leqslant 1$.

解 如果知道下述结论:在满足条件 $-1 \leqslant f(x) \leqslant 1$, $-1 \leqslant x \leqslant 1$ 的所有四次多项式 $f(x)$ 中,切比雪夫(Tschebyscheff) 多项式 $C(x) = 8x^4 - 8x^2 + 1 = \cos(4\arccos x)$ 具有最大的首项系数,则取 $p(x) = [C(x) + 1]/2$(这样可以保证将 $p(x)$ 限制在 $[0,1]$ 内),就知 A 的最大值为 4.

如果不用这个结论,那么可按下法来求.

先令 $Q(x) = [p(x) + p(-x)]/2$,则原来的条件可改写为
$$0 \leqslant Q(x) = Ax^4 + Cx^2 + E \leqslant 1 \quad (-1 \leqslant x \leqslant 1)$$
令 $x^2 = y$,则化为
$$0 \leqslant R(y) = Ay^2 + Cy + E \leqslant 1 \quad (0 \leqslant y \leqslant 1)$$
令 $y = \dfrac{z+1}{2}, S(z) = R\left(\dfrac{z+1}{2}\right)$,则
$$0 \leqslant S(z) = \frac{A}{4}z^2 + Fz + G \leqslant 1 \quad (-1 \leqslant z \leqslant 1)$$
取 $T(z) = \dfrac{S(z) + S(-z)}{2}$,得到
$$0 \leqslant \frac{A}{4}z^2 + G \leqslant 1 \quad (-1 \leqslant z \leqslant 1)$$

再令 $z^2 = w$，最后得到

$$0 \leqslant \frac{A}{4}w + G \leqslant 1 \quad (0 \leqslant w \leqslant 1)$$

显然，当 $G = 0$，即

$$T(z) = z^2, \ R(y) = (2y-1)^2, \ Q(x) = 4x^4 - 4x^2 + 1$$

时，得出 A 的最大值为 4.

§1 最佳逼近多项式

下面讲最佳逼近多项式的存在性：

对于定义在 $[a,b]$ 上的连续函数 $f(x)$ 与 $\varphi(x)$，通常称 $\max\limits_{a \leqslant x \leqslant b} |f(x) - \varphi(x)|$ 为 $f(x)$ 与 $\varphi(x)$ 的偏差. 如果 $\widetilde{x} \in [a,b]$ 使得 $|f(\widetilde{x}) - \varphi(\widetilde{x})| = \max\limits_{a \leqslant x \leqslant b} |f(x) - \varphi(x)|$，那么 $\widetilde{x}$ 称为近似函数 $\varphi(x)$ 的偏差点. 特别地，若有

$$\varphi(\widetilde{x}) - f(\widetilde{x}) = \max\limits_{a \leqslant x \leqslant b} |f(x) - \varphi(x)|$$

则称 $\widetilde{x}$ 为 $\varphi(x)$ 的正偏差点；若有

$$\varphi(\widetilde{x}) - f(\widetilde{x}) = -\max\limits_{a \leqslant x \leqslant b} |f(x) - \varphi(x)|$$

则称 $\widetilde{x}$ 为 $\varphi(x)$ 的负偏差点. 由于假设 $f(x)$ 与 $\varphi(x)$ 在 $[a,b]$ 上连续，故偏差点总是存在的，但正、负偏差点不一定同时存在.

关于最佳逼近多项式 $p_n^*(x)$ 的存在性，有如下定理：

定理 1(波莱尔(Borel)存在性定理) 对任意给定的 $[a,b]$ 上连续的函数 $f(x)$，总存在 $p_n^*(x) \in P_n(x)$，使得

$$\max\limits_{a \leqslant x \leqslant b} |f(x) - p_n^*(x)| \leqslant \min\limits_{p_n(x) \in P_n(x)} \{\max\limits_{a \leqslant x \leqslant b} |f(x) - p_n(x)|\}$$

成立.

定理 2 若 $p_n^*(x) \in P_n(x)$ 是 $f(x)$ 在区间 $[a,b]$ 上的最佳逼近多项式，则 $p_n^*(x)$ 一定同时存在正、负偏差点.

证明 不妨设 $p_n^*(x)$ 与 $f(x)$ 不存在负偏差点而仅存在正偏差点. 设 $\widetilde{x}$ 是其中一个正偏差点，则有

$$p_n^*(\widetilde{x}) - f(\widetilde{x}) = \max\limits_{a \leqslant x \leqslant b} |f(x) - p_n^*(x)| \triangleq u$$

由于 $p_n^*(x) - f(x)$ 是 $[a,b]$ 上的连续函数，则必存在最大值 M 和最小值 m，有

$$-\mu < m \leqslant p_n^*(x) - f(x) \leqslant M = u$$

令

$$s = \frac{m + \mu}{2} > 0$$

且

$$-\frac{\mu-m}{2}=m-s\leqslant p_n^*(x)-s-f(x)\leqslant \mu-s=\frac{\mu-m}{2}$$

$$\max_{a\leqslant x\leqslant b}\mid [p_n^*(x)-s]-f(x)\mid=\frac{\mu-m}{2}=\mu-s<\mu=\max_{a\leqslant x\leqslant b}\mid f(x)-p_n^*(x)\mid$$

此式与 $p_n^*(x)$ 是函数 $f(x)$ 的最佳逼近多项式相矛盾,故 $p_n^*(x)$ 同时存在正负偏差点.

定理 3(切比雪夫定理) $p_n^*(x)$ 是 $f(x)$ 在 $[a,b]$ 上的 n 次最佳逼近多项式的充要条件是在区间 $[a,b]$ 上 $p_n^*(x)$ 至少具有 $n+2$ 个依次轮流为正、负的偏差点 $x_i(i=1,2,\cdots,n+2)$,即

$$a\leqslant x_1<x_2<\cdots<x_{n+2}\leqslant b$$

证明 充分性. 假设 $p_n^*(x)$ 不是 $f(x)$ 的 n 次最佳逼近多项式,由定理 1 知, $f(x)$ 的最佳逼近多项式是存在的,记为 $p(x)$. 于是有

$$\max_{a\leqslant x\leqslant b}\mid p(x)-f(x)\mid<\max_{a\leqslant x\leqslant b}\mid p_n^*(x)-f(x)\mid \quad ①$$

由于 $a\leqslant x_1<x_2<\cdots<x_{n+2}\leqslant b$ 是近似函数 $p_n^*(x)$ 的 $n+2$ 个依次轮流为正、负的偏差点,因此有

$$\mid p_n^*(x_i)-f(x_i)\mid=\max_{a\leqslant x\leqslant b}\mid p_n^*(x)-f(x)\mid$$
$$(i=1,2,\cdots,n+2) \quad ②$$

对于不超过 n 次的多项式 $p_n^*(x)-p(x)=[p_n^*(x)-f(x)]-[p(x)-f(x)]$,由式①② 可知 $p_n^*(x_i)-p(x_i)$ 和 $p_n^*(x_i)-f(x_i)$ 的符号相同($1\leqslant i\leqslant n+2$). 而 $p_n^*(x_i)-f(x_i)(i=1,2,\cdots,n+2)$ 的符号交错,从而 $p_n^*(x_i)-p(x_i)(i=1,2,\cdots,n+2)$ 的符号也交错. 在区间 $[x_i,x_{i+1}](i=1,2,\cdots,n+1)$ 上对函数 $p_n^*(x)-p(x)$ 应用连续函数的零点定理有: $p_n^*(x)-p(x)$ 在 (x_i,x_{i+1}) 内至少有一个零点,从而在 $[a,b]$ 上至少有 $n+1$ 个零点. 这与 $p_n^*(x)-p(x)$ 为不超过 n 次的多项式相矛盾,故充分性正确.

必要性. 由定理 2 知,最佳逼近多项式 $p_n^*(x)$ 在区间 $[a,b]$ 上一定同时存在正、负偏差点. 现假设它仅有 $m(m<n+2)$ 个依次轮流为正、负的偏差点,因此存在 m 个没有公共内部的子区间

$$I_1=[a,\xi_1], I_2=[\xi_1,\xi_2],\cdots, I_m=[\xi_{m-1},b]$$

使得在每个子区间上所包含的偏差点,或者全是正偏差点,或者全是负偏差点,也即有 $\xi_i(i=1,2,\cdots,m-1)$ 都不是交错点. 由于 $p_n^*(x)$ 有 m 个交错偏差点,故这 m 个子区间的任何相邻两个子区间所包含的偏差点类型必然是相反的. 记含正偏差点的子区间个数为 m_1,含负偏差点的子区间个数为 $m_2(m_2=m-m_1)$.

我们仅对 $I_1, I_3, \cdots, I_{2m_1-1}$ 含正偏差点,其他子区间含负偏差点的情形进行讨论,另一相反情形完全可类似讨论.

因为 $p_n^*(x)-f(x)$ 是连续函数,所以在仅含正偏差点的子区间 I_k 上有最

大值 $\widetilde{M}_k$ 和最小值 $\widetilde{m}_k$，且 $M_k = \max\limits_{a \leqslant x \leqslant b} |p_n^*(x) - f(x)|$，$m_k > -\max\limits_{a \leqslant x \leqslant b} |p_n^*(x) - f(x)|$ $(k = 1, 3, 5, \cdots, 2m_1 - 1)$. 因而对 $x \in \Delta_1 \xlongequal{\triangle} I_1 \cup I_3 \cup \cdots \cup I_{2m_1 - 1}$ 有不等式

$$-\max\limits_{a \leqslant x \leqslant b} |p_n^*(x) - f(x)| < \widetilde{m} \leqslant p_n^*(x) - f(x) \leqslant \max\limits_{a \leqslant x \leqslant b} |p_n^*(x) - f(x)| \xlongequal{\triangle} \mu \qquad ③$$

其中 $\widetilde{m} = \min\{m_1, m_3, m_5, \cdots, m_{2m_1-1}\}$. 令 $s_1 = \dfrac{\widetilde{m} + \mu}{2}$，有

$$-\mu + s_1 < p_n^*(x) - f(x) \leqslant \mu \qquad ④$$

同样地，对于 $x \in \Delta_2 \xlongequal{\triangle} I_2 \cup I_4 \cup \cdots \cup I_{2m_2}$，有

$$-\mu \leqslant p_n^*(x) - f(x) \leqslant \mu - s_2 \qquad ⑤$$

其中

$$s_2 = \dfrac{\mu - \widetilde{M}}{2}$$

且 $\widetilde{M} = \max\{M_2, M_4, \cdots, M_{2m_2}\}$，而 $M_2, M_4, \cdots, M_{2m_2}$ 是连续函数 $p_n^*(x) - f(x)$ 在含负偏差点的子区间 $I_2, I_4, \cdots, I_{2m_2}$ 上的相应最大值.

令 $s = \min\{s_1, s_2\}$，由式④⑤可得对任何 $x \in \Delta_1$，有

$$-\mu + s < p_n^*(x) - f(x) < \mu \qquad ⑥$$

对任何 $x \in \Delta_2$，有

$$-\mu \leqslant p_n^*(x) - f(x) \leqslant \mu - s \qquad ⑦$$

构造 $m-1$ 次多项式 $\Phi(x) = (x - \xi_1) \cdot (x - \xi_2) \cdots (x - \xi_{m-1})$，它是区间 $[a, b]$ 上的连续函数，故存在绝对值充分小的非零实数 β，使得对于任何 $x \in [a, b]$ 都有

$$|\beta \Phi(x)| < s \qquad ⑧$$

由于多项式 $\Phi(x)$ 在这 m 个子区间上的函数值符号是交错的，可选择实数 β 的符号，使得当 $x \in \Delta_1$ 时，有 $\beta \Phi(x) \geqslant 0$；而当 $x \in \Delta_2$ 时，有 $\beta \Phi(x) \leqslant 0$.

由式⑥⑦和式⑧可知，当 $x \in \Delta_1$ 时，有

$$-\mu + \beta \Phi(x) < p_n^*(x) - f(x) \leqslant \mu$$

当 $x \in \Delta_2$ 时，有

$$-\mu \leqslant p_n^*(x) - f(x) < \mu + \beta \Phi(x) \qquad ⑨$$

于是，有

$$\left| p_n^*(x) - f(x) - \dfrac{\beta \Phi(x)}{2} \right| \leqslant \mu - \dfrac{\beta \Phi(x)}{2} \quad (x \in \Delta_1)$$

$$\left|p_n^*(x)-f(x)-\frac{\beta\Phi(x)}{2}\right|\leqslant \mu+\frac{\beta\Phi(x)}{2}\quad (x\in\Delta_2)\quad ⑩$$

从而对任何 $x\in[a,b]$,有

$$\left|p_n^*(x)-\frac{\beta\Phi(x)}{2}-f(x)\right|\leqslant \mu-\frac{\beta\Phi(x)}{2}\quad ⑪$$

当 $x\neq \xi_i(i=1,2,\cdots,m-1)$ 时,有

$$\left|\left(p_n^*(x)-\frac{\beta\Phi(x)}{2}\right)+f(x)\right|<\mu\quad ⑫$$

当 $x=\xi_i(i=1,2,\cdots,m-1)$ 时,因 ξ_i 不是 $p_n^*(x)$ 的交错点,同样得到不等式 ⑫,故总有

$$\max_{a\leqslant x\leqslant b}\left|\left(p_n^*(x)-\frac{\beta\Phi(x)}{2}\right)-f(x)\right|<\mu$$

由 $m<n+2$ 知 $\Phi(x)$ 是不超过 n 次的多项式,即有 $p_n^*(x)-\frac{\beta\Phi(x)}{2}$ 是不超过 n 次的多项式. 上述不等式与 $p_n^*(x)$ 是 $f(x)$ 在 $[a,b]$ 上的最佳逼近多项式相矛盾,故假设 $m<n+2$ 不成立,从而必要性成立.

定理 4(唯一性) 若函数 $f(x)$ 在 $[a,b]$ 上是连续函数,则 $f(x)$ 的最佳逼近多项式 $p_n^*(x)\in P_n(x)$ 是唯一的.

证明 若 $p(x),q(x)$ 都是 $f(x)$ 在区间 $[a,b]$ 上且是 $P_n(x)$ 中的最佳逼近多项式,则对任何 $x\in[a,b]$ 都有

$$-\varepsilon\leqslant p(x)-f(x)\leqslant \varepsilon$$
$$-\varepsilon\leqslant q(x)-f(x)\leqslant \varepsilon$$

即有

$$-\varepsilon\leqslant \frac{p(x)+q(x)}{2}-f(x)\leqslant \varepsilon$$

因此 $r(x)\stackrel{\triangle}{=\!=}\frac{1}{2}[p(x)+q(x)]$ 也是函数 $f(x)$ 在 $P_n(x)$ 中的最佳逼近多项式.

由定理 3 知 $r(x)$ 存在 $n+2$ 个依次轮流为正、负的偏差点 $x_i(i=1,2,\cdots,n+2)$,满足

$$\varepsilon=|r(x_i)-f(x_i)|=\left|\frac{1}{2}[p(x_i)+q(x_i)]-f(x_i)\right|\leqslant$$
$$\frac{1}{2}|p(x_i)-f(x_i)|+\frac{1}{2}|q(x_i)-f(x_i)|\leqslant \varepsilon$$

于是对于 $1\leqslant i\leqslant n+2$,有

$$|p(x_i)-f(x_i)|=\varepsilon,\ |q(x_i)-f(x_i)|=\varepsilon$$

这就是说 $x_i(i=1,2,\cdots,n+2)$ 也是 $p(x)$ 和 $q(x)$ 关于 $f(x)$ 的偏差点.

又由

$$|r(x_i)-f(x_i)|=\left|\frac{p(x_i)-f(x_i)}{2}+\frac{q(x_i)-f(x_i)}{2}\right|=\varepsilon$$

可知 $p(x_i)-f(x_i)$ 与 $q(x_i)-f(x_i)$ 同号,从而有

$$p(x_i)-f(x_i)=q(x_i)-f(x_i) \quad (i=1,2,\cdots,n+2)$$

即

$$[p(x)-q(x)]_{x=x_i}=0 \quad (i=1,2,\cdots,n+2)$$

而 $p(x),q(x)$ 均是不超过 n 次的多项式,故 $p(x)=q(x)$,即最佳逼近多项式唯一.

多元函数的三角多项式逼近

第 3 章

§1 引 论

设 D 表示 xOy 平面上的矩形区域:$0 \leqslant x \leqslant 2\pi, 0 \leqslant y \leqslant 2\pi$,我们所考虑的函数 $f(x,y)$ 都是在 D 上确定的周期函数,关于每一个变量的周期都是 2π.

假如 $f(x,y)$ 在 D 上有 p 级的连续偏导数,我们就用 $f \in C^p(D)$ 来表示.当 $p=0$ 时,$C^0(D)$ 简记作 $C(D)$,表示在 D 上连续的函数类.设 $f \in C(D)$,我们用

$$\omega(\rho) \equiv \omega(\rho;f) = \max_{(x_1-x_2)^2+(y_1-y_2)^2 \leqslant \rho^2} |f(x_1,y_1) - f(x_2,y_2)|$$

表示 f 的连续模.当 $f \in C^p(D)$ 时,我们令

$$\omega_p(\rho) \equiv \omega_p(\rho;f) = \max_{\alpha,\beta \geqslant 0, \alpha+\beta=p} \omega_{\alpha,\beta}(\rho)$$

其中 $\omega_{\alpha,\beta}(\rho)$ 是函数

$$\frac{\partial^p f(x,y)}{\partial x^\alpha \partial y^\beta} \quad (\alpha,\beta \geqslant 0, \alpha+\beta=p \geqslant 1)$$

的连续模.$\omega_0(\rho)$ 即规定为 $\omega(\rho)$.

对于任一用复数的形式表示的三角多项式

$$T(x,y) = \sum C_{m,n} e^{i(mx+ny)}$$

我们称 $R = \max_{m,n}(m^2+n^2)^{\frac{1}{2}}$ 为三角多项式 $T(x,y)$ 的阶,并用 $T_R(x,y)$ 表示阶不大于 R 的三角多项式.本章的主要目的是要

作出具体的三角多项式 $T_R(x,y)$ 来逼近已经给定的函数 $f(x,y)$，使它们的偏差

$$\max_{0\leqslant x,y\leqslant 2\pi} |f(x,y)-T_R(x,y)|$$

当 R 充分大时的阶达到相当于单元函数的最小偏差的阶.

对于给定的 $f(x,y)\in C(D)$，假定它的傅里叶(Fourier)级数是

$$f(x,y)\sim \sum_{m,n=-\infty}^{\infty} C_{m,n}\mathrm{e}^{\mathrm{i}(mx+ny)} \qquad ①$$

我们令

$$A_v(x,y)=\sum_{m^2+n^2=v} C_{m,n}\mathrm{e}^{\mathrm{i}(mx+ny)} \qquad ②$$

作级数 $\sum A_v(x,y)$ 的 $\delta(\geqslant 0)$ 次黎兹(Riesz)平均

$$S_R^\delta(x,y;f)=\sum_{v\leqslant R^2}\left(1-\frac{v}{R^2}\right)^\delta A_v(x,y) \quad (v=m^2+n^2) \qquad ③$$

则 $S_R^\delta(x,y;f)$ 是一个阶不大于 R 的三角多项式. Chandrasekharan 与 Minakshisundaram 曾证明下述结果：

若 $f(x,y)$ 在 D 上一致地满足下面的条件

$$\frac{1}{2\pi}\int_0^{2\pi} f(x+t\cos\theta,y+t\sin\theta)\mathrm{d}\theta - f(x,y)=O(t^\alpha) \quad (\alpha>0) \qquad ④$$

则在 D 上，下面的关系式一致地成立

$$S_R^\delta(x,y;f)-f(x,y)=\begin{cases} O(R^{-\alpha}) & \left(\alpha+\frac{1}{2}<\delta\right) \\ O(R^{-\alpha}\ln R) & \left(\alpha+\frac{1}{2}=\delta\right) \\ O(R^{-\delta+\frac{1}{2}}) & \left(\frac{1}{2}<\delta<\alpha+\frac{1}{2}\right) \end{cases} \qquad ⑤$$

从函数构造论的观点来看，当 $0<\alpha<1$ 时，条件 ④ 的一致成立与下述条件等价

$$\omega(\rho)=O(\rho^\alpha) \qquad ⑥$$

即 $f(x,y)\in \mathrm{Lip}\,\alpha$. 事实上，若对每一个 $R>0$，存在三角多项式 $T_R(x,y)$ 使 $|f(x,y)-T_R(x,y)|\leqslant \dfrac{A}{R^\alpha}$，$A$ 是常数，则可以利用伯恩斯坦(Bernstein)定理的方法，推出 $f(x,y)\in \mathrm{Lip}\,\alpha(0<\alpha<1)$，所以当条件 ④ 一致成立时，可取 $T_R(x,y)=S_R^\delta(x,y;f)\left(\delta>\alpha+\dfrac{1}{2}\right)$，则由 ⑤ 的第一式可推出 $f(x,y)\in \mathrm{Lip}\,\alpha$.

我们直接考虑 $f(x,y)$ 的连续模，可得到更一般的结果如下：

定理 1 （i）设 $f\in C(D)$，$\omega(\rho)$ 为其连续模，则当 $\delta>\dfrac{1}{2}$ 时，我们有下面的关系式在 D 上一致成立

$$S_R^\delta(x,y;f) - f(x,y) = O\left[\omega\left(\frac{1}{R}\right)\right] \qquad ⑦$$

(ii) 设 $f \in C^1(D)$,$\omega_1(\rho)$ 的规定如前,则当 $\delta > \frac{1}{2}$ 时,我们有下面的关系式在 D 上一致成立

$$S_R^\delta(x,y;f) - f(x,y) = O\left[\frac{1}{R}\omega_1\left(\frac{1}{R}\right)\right] \qquad ⑧$$

特别地,当 $f(x,y) \in \text{Lip } \alpha(0 < \alpha < 1)$ 时,上述定理的第一部分包括了 Chandrasekharan 与 Minakshisundaram 的结果. 值得指出的是在我们的结论中,$\delta > \frac{1}{2}$ 与 α 无关.

上述结果有 $\delta > \frac{1}{2}$ 的限制,对于一般的 $\delta \geqslant 0$,我们可以考虑 $S_R^\delta(x,y;f)$ 在圆周上的平均

$$\mu_t[S_R^\delta(x,y;f)] =$$
$$\frac{1}{2\pi}\int_0^{2\pi} S_R^\delta(x+t\cos\theta, y+t\sin\theta)\mathrm{d}\theta$$

下述定理相当于单元函数的伯恩斯坦定理,同时也是 Chandrasekharan 与 Minakshisundaram 另一结果的改进.

定理 2 (i) 若 $f \in \text{Lip } \alpha(0 < \alpha \leqslant 1)$,则当 $\delta \geqslant 0$ 时,下面的关系式在 D 上一致成立

$$\mu_{\frac{\lambda_0}{R}}[S_R^\delta(x,y)] - f(x,y) = O(R^{-\alpha}) \qquad ⑨$$

(ii) 若 $\frac{\partial f}{\partial x}, \frac{\partial f}{\partial y} \in \text{Lip } \alpha(0 < \alpha \leqslant 1)$,则当 $\delta \geqslant 0$ 时,下面的关系式在 D 上一致成立

$$\mu_{\frac{\lambda_0}{R}}[S_R^\delta(x,y)] - f(x,y) = O(R^{-1-\alpha}) \qquad ⑩$$

关系式 ⑨ 与 ⑩ 中的 λ_0 是零级第一类贝塞尔(Bessel)函数 $J_0(x)$ 的一个正根.

以上我们所考虑的两种方法,逼近的阶都不能高于 R^{-2}. 事实上,若 $S_R^\delta(x,y;f) - f(x,y) = o(R^{-2})$ 在 D 上一致成立,则两边各乘以 $\mathrm{e}^{-\mathrm{i}(mx+ny)}$,并在 D 上积分,即得 $C_{m,n} = 0$ 对一切 $m^2 + n^2 \neq 0$ 的 m,n 都成立,故 $f(x,y)$ 恒为常数. 同样可知若 $\mu_{\frac{\lambda_0}{R}}[S_R^\delta(x,y)] - f(x,y) = o\left(\frac{1}{R^2}\right)$ 在 D 上一致成立,则 $f(x,y)$ 也恒为常数.

因此,当 $f(x,y) \in C^p(D)(p > 1)$ 时,用上面的两种逼近方法所得的阶都不能改进. 很自然地我们应当引进下面的三角多项式

$$S_R^{(k)}(x,y;f) = \sum_{v \leqslant R^2}\left(1 - \frac{v^{\frac{k}{2}}}{R^k}\right) A_v(x,y) \qquad ⑪$$

其中 k 是正整数. 我们的结果如下:

定理 3　设 $f(x,y) \in C^p(D)$，$\omega_p(\rho)$ 的规定同前.

(i) 若 $p < k-1$，则下面的关系式在 D 上一致成立

$$S_R^{(k)}(x,y;f) - f(x,y) = O\left[\frac{1}{R^p}\omega_p\left(\frac{1}{R}\right)\right] \qquad ⑫$$

(ii) 若 $p = k-1$，则当 k 是偶数时，关系式 ⑫ 仍然成立；当 k 是奇数时，下面的关系式在 D 上一致成立

$$S_R^{(k)}(x,y;f) - f(x,y) = O\left[\frac{\ln R}{R^p}\omega_p\left(\frac{1}{R}\right)\right] \qquad ⑬$$

以上的结论只要适当地配合变量的空间维数，就可以推广到多元函数的情形. 事实上，假定 $f(x_1,\cdots,x_m)$ 是 m 维空间的周期函数，关于每一个变量的周期都是 2π. 假定它的傅里叶级数是

$$f(P) \equiv f(x_1, x_2, \cdots, x_m) \sim \sum C_{n_1,\cdots,n_m} e^{i(n_1 x_1 + \cdots + n_m x_m)}$$

令

$$A_v(P) = \sum_{n_1^2 + n_2^2 + \cdots + n_m^2 = v} C_{n_1,\cdots,n_m} e^{i(n_1 x_1 + \cdots + n_m x_m)}$$

作三角多项式

$$S_R^{(k)}(P;f) = \sum_{v \leqslant R^2}\left(1 - \frac{v^{\frac{k}{2}}}{R^k}\right)^{\sigma_m} A_v(P)$$

其中 $\sigma_m = \left[\dfrac{m-1}{2}\right] + 1$ 仅与维数 m 有关，k 是正整数. 于是相当于定理 3，我们可得下面的结果：

定理 4　设 $f(P)$ 有 p 级连续偏导数.

(i) 若 $p < k-1$，则下面的关系式一致成立

$$S_R^{(k)}(P;f) - f(P) = O\left[\frac{1}{R^p}\omega_p\left(\frac{1}{R}\right)\right] \qquad ⑭$$

(ii) 若 $p = k-1$，则当 k 是偶数时，式 ⑭ 仍一致成立；当 k 是奇数时，下面的关系式一致成立

$$S_R^{(k)}(P;f) - f(P) = O\left[\frac{\ln R}{R^p}\omega_p\left(\frac{1}{R}\right)\right] \qquad ⑮$$

以上 $\omega_p(\rho)$ 仍表示 $f(P)$ 的所有 p 级偏导数的连续模的最大者.

定理 5 与定理 6 可以看作齐格蒙德(Zygmund)定理在多元函数的推广. 定理 6 的证明与定理 5 的证明相仿，本章不详细叙述了.

在上述逼近方法中，若 k 固定，则我们所得到的阶容易看出是不能超过 R^{-k} 的，但对任一固定的函数类 $C^p(p>0)$，若取 k 充分大，则我们所作的三角多项式 ⑪ 对于这个函数类来说所得到的逼近的阶事实上已达到最小偏差的阶了.

§2 定理 1 的证明

首先,由博克纳(Bochner)公式知

$$S_R^\delta(x,y;f) - f(x,y) =$$
$$2^\delta \Gamma(\delta+1) R \int_0^\infty [\varphi_{xy}(t) - f(x,y)] \frac{J_{\delta+1}(Rt)}{(Rt)^\delta} \mathrm{d}t \qquad ⑯$$

其中

$$\varphi_{xy}(t) = \frac{1}{2\pi} \int_0^{2\pi} f(x + t\cos\theta, y + t\sin\theta) \mathrm{d}\theta \qquad ⑰$$

令

$$H_\delta(u) = 2^\delta \Gamma(\delta+1) \frac{J_{\delta+1}(u)}{u^\delta} \equiv$$
$$A(\delta) \frac{J_{\delta+1}(u)}{u^\delta}$$

则有

$$S_R^\delta(x,y;f) - f(x,y) =$$
$$\int_0^\infty \left[\varphi_{xy}\left(\frac{u}{R}\right) - f(x,y)\right] H_\delta(u) \mathrm{d}u \qquad ⑱$$

由于 $J_\mu(u) = O(u^{-\frac{1}{2}})(u \to \infty)$,因此

$$H_\delta(u) = O(u^{-\frac{1}{2}-\delta}) \quad (u \to \infty)$$

故当 $\delta > \frac{1}{2}$ 时,$H_\delta(u) \in L(0,\infty)$,则可设

$$A_0 = \int_0^\infty |H_\delta(u)| \mathrm{d}u$$

又令 $H_\delta^{(1)}(u) = \int_u^\infty H_\delta(t) \mathrm{d}t$,则因

$$H_\delta^{(1)}(u) = A(\delta) \int_u^\infty \frac{J_{\delta+1}(t)}{t^\delta} \mathrm{d}t = A(\delta) \frac{J_\delta(u)}{u^\delta} =$$
$$O(u^{-\delta-\frac{1}{2}}) \quad (u \to \infty)$$

故 $H_\delta^{(1)}(u) \in L(0,\infty)$. 同样可设

$$A_1 = \int_0^\infty |H_\delta^{(1)}(u)| \mathrm{d}u$$

又因

$$H_\delta^{(2)}(u) = \int_u^\infty H_\delta^{(1)}(t) \mathrm{d}t =$$

$$A(\delta)\frac{J_{\delta+1}(u)}{u^{\delta}}+B(\delta)\int_{u}^{\infty}\frac{J_{\delta+1}(t)}{t^{\delta+1}}dt=$$
$$O(u^{-\delta-\frac{1}{2}}) \quad (u\to\infty)$$

则又可设
$$A_2=\int_0^\infty |H_\delta^{(2)}(u)|\,du$$

回到式 ⑱，我们可知若 $f(x,y)$ 有界，则
$$S_R^\delta(x,y;f)-f(x,y)\leqslant 2M_0 A_0$$

而
$$M_0=\sup|f(x,y)| \tag{⑲}$$

若 $f(x,y)$ 有有界的一级偏导数，则利用分部积分知
$$|S_R^\delta(x,y;f)-f(x,y)|=$$
$$\left|\frac{1}{R}\int_0^\infty \varphi'_{xy}\left(\frac{u}{R}\right)\cdot H_\delta^{(1)}(u)du\right|\leqslant$$
$$2M_1 A_1\cdot\frac{1}{R} \tag{⑳}$$

其中
$$M_1=\max\{\sup|f'_x|,\sup|f'_y|\}$$

若 $f(x,y)$ 有有界的二级偏导数，则再利用一次分部积分，注意到 $\varphi'_{xy}(0)=0$，即有
$$|S_R^\delta(x,y;f)-f(x,y)|=$$
$$\left|\frac{1}{R^2}\int_0^\infty \varphi''_{xy}\left(\frac{u}{R}\right)\cdot H_\delta^{(2)}(u)du\right|\leqslant$$
$$4M_2 A_2\cdot\frac{1}{R^2} \tag{㉑}$$

其中
$$M_2=\max\{\sup|f''_{xx}|,\sup|f''_{xy}|,\sup|f''_{yy}|\}$$

设 $G(x,y)$ 是满足以下方程的某一函数
$$\frac{\partial^2 G}{\partial x\partial y}=\frac{\partial^2 G}{\partial y\partial x}=f(x,y)$$

而作下述函数（可以看作 Стеклов 函数的推广）
$$f_\rho(x,y)=\frac{G(x+h,y+h)-G(x+h,y)-G(x,y+h)+G(x,y)}{h^2}$$
$$\left(h=\frac{\rho}{\sqrt{2}}\right)$$

又令
$$\eta_\rho(x,y)=f(x,y)-f_\rho(x,y)$$

现在先来证定理 1 中的(i). 由于
$$|\eta_\rho(x,y)|=|f(x,y)-f(x+\theta_1 h,y+\theta_2 h)|\leqslant \omega(\rho)$$
故由式 ⑲ 得到
$$|S_R^\delta(x,y;\eta_\rho)-\eta_\rho(x,y)|\leqslant 2\omega(\rho)A_0 \qquad ㉒$$
又因
$$\left|\frac{\partial f_\rho}{\partial x}\right|=$$
$$\left|\frac{G'_x(x+h,y+h)-G'_x(x+h,y)-G'_x(x,y+h)+G'_x(x,y)}{h^2}\right|=$$
$$\left|\frac{f(x+h,y+\theta_3 h)-f(x,y+\theta_3 h)}{h}\right|\leqslant$$
$$\frac{\omega(\rho)}{h}=\frac{\sqrt{2}\,\omega(\rho)}{\rho}$$
同样有
$$\left|\frac{\partial f_\rho}{\partial y}\right|\leqslant \frac{\sqrt{2}\,\omega(\rho)}{\rho}$$
因此由式 ⑳ 即知
$$|S_R^\delta(x,y;f_\rho)-f_\rho(x,y)|\leqslant$$
$$2\sqrt{2}\,\frac{\omega(\rho)}{\rho}A_1\cdot\frac{1}{R} \qquad ㉓$$
合并式 ㉒ 及式 ㉓,取 $\rho=\frac{1}{R}$,注意 $f(x,y)=f_\rho(x,y)+\eta_\rho(x,y)$,即有
$$|S_R^\delta(x,y;f)-f(x,y)|\leqslant 2(A_0+\sqrt{2}\,A_1)\omega\!\left(\frac{1}{R}\right)$$
此即证明了定理 1 中的(i).

现在来证定理 1 中的(ii). 设 $f(x,y)\in \mathbf{C}^1$,则因
$$\frac{\partial \eta_\rho}{\partial x}=\frac{\partial f}{\partial x}-\frac{\partial f_\rho}{\partial x}=\frac{\partial f}{\partial x}-\frac{\partial f(x+\theta_3 h,y+\theta_3 h)}{\partial x}$$
故有
$$\sup\left|\frac{\partial \eta_\rho}{\partial x}\right|\leqslant \omega_1(\rho)$$
同样地有
$$\sup\left|\frac{\partial \eta_\rho}{\partial y}\right|\leqslant \omega_1(\rho)$$
则利用式 ⑳ 即得
$$|S_R^\delta(x,y;\eta_\rho)-\eta_\rho(x,y)|\leqslant 2A_1\frac{1}{R}\omega_1\!\left(\frac{1}{R}\right) \qquad ㉔$$
又因

$$\frac{\partial^2 f_\rho}{\partial x^2} = \frac{f'_x(x+h, y+\theta_4 h) - f'_x(x, y+\theta_4 h)}{h}$$

故有

$$\sup \left| \frac{\partial^2 f_\rho}{\partial x^2} \right| \leqslant \frac{\omega_1(\rho)}{h} = \frac{\sqrt{2}\,\omega_1(\rho)}{\rho}$$

同样地有

$$\sup \left| \frac{\partial^2 f_\rho}{\partial y^2} \right| \leqslant \frac{\sqrt{2}\,\omega_1(\rho)}{\rho}$$

$$\sup \left| \frac{\partial^2 f_\rho}{\partial x \partial y} \right| \leqslant \frac{\sqrt{2}\,\omega_1(\rho)}{\rho}$$

则由式 ㉑ 即得

$$| S_R^\delta(x,y;f_\rho) - f_\rho(x,y) | \leqslant 4\sqrt{2}\,\frac{\omega_1(\rho)}{\rho} A_2 \cdot \frac{1}{R^2} \qquad ㉕$$

联立 ㉔ 及 ㉕, 取 $\rho = \frac{1}{R}$, 即得

$$| S_R^\delta(x,y;f) - f(x,y) | \leqslant 2(A_1 + 2\sqrt{2}\,A_2) \frac{1}{R} \omega_1\left(\frac{1}{R}\right)$$

也即证明了定理 1 中的(ii).

§3 定理 2 的证明

我们将用下述的记号

$$S(u) = \sum_{v \leqslant u} A_v(x,y)$$

$$S^0(u) = \sum_{v \leqslant u^2} A_v(x,y)$$

$$S^1(u) = \frac{1}{u^2} \sum_{v \leqslant u^2} (u^2 - v) A_v(x,y)$$

则

$$\mu_R^{\lambda_0}(S_R^\delta) = \frac{1}{2\pi} \int_0^{2\pi} S_R^\delta\left(x + \frac{\lambda_0}{R}\cos\theta, y + \frac{\lambda_0}{R}\sin\theta\right) d\theta =$$

$$\sum_{v \leqslant R^2} \left(1 - \frac{v}{R^2}\right)^\delta A_v(x,y) J_0\left(\frac{\lambda_0}{R}\sqrt{v}\right) =$$

$$-\frac{1}{R^{2\delta}} \int_0^{R^2} S(u) \, d\left[(R^2 - u)^\delta J_0\left(\frac{\lambda_0}{R}\sqrt{u}\right)\right] =$$

$$-\frac{1}{R^{2\delta}} \int_0^R S^0(u) \, d\left[(R^2 - u^2)^\delta J_0\left(\frac{\lambda_0}{R}\sqrt{u}\right)\right] =$$

$$\frac{2\delta}{R^{2\delta}}\int_0^R S^0(u)u(R^2-u^2)^\delta J_0\left(\frac{\lambda_0}{R}u\right)\mathrm{d}u +$$

$$\frac{\lambda_0}{R^{2\delta+1}}\int_0^R S^0(u)(R^2-u^2)^\delta J_1\left(\frac{\lambda_0}{R}u\right)\mathrm{d}u =$$

$$I_1 + I_2$$

先证(i). 设 $f \in \operatorname{Lip} \alpha$，为简单计，可设 $f(x,y)=0$，则由定理1的结果可知

$$S^1(u) = O(u^{-\alpha}) \qquad \text{㉖}$$

现在要证 $\mu_{\frac{\lambda_0}{R}}(S_R^\delta) = O(R^{-\alpha})$.

首先来估计 I_1. 利用关系式

$$u^2 S^1(u) = 2\int_0^u v^{k-1} S^0(v)\mathrm{d}v \qquad \text{㉗}$$

对 I_1 进行一次分部积分可得

$$I_1 = \frac{\delta}{R^{2\delta}} u^2 S^1(u)(R^2-u^2)^{\delta-1} J_0\left(\frac{\lambda_0 u}{R}\right)\bigg|_0^R +$$

$$\frac{2\delta(\delta-1)}{R^{2\delta}}\int_0^R u^3(R^2-u^2)^{\delta-2} J_0\left(\frac{\lambda_0 u}{R}\right) S^1(u)\mathrm{d}u +$$

$$\frac{\delta\lambda_0}{R^{2\delta+1}}\int_0^R u^2(R^2-u^2)^{\delta-1} J_1\left(\frac{\lambda_0 u}{R}\right) S^1(u)\mathrm{d}u$$

注意到 $J_0(\lambda_0)=0$，即知上式第一项等于0，后两项分别以 I_{11} 及 I_{12} 记之. 又令

$$I_{11} = \frac{2\delta(\delta-1)}{R^{2\delta}}\left(\int_0^{R^{\frac{1}{2}}} + \int_{R^{\frac{1}{2}}}^R\right) u^3(R^2 -$$

$$u^2)^{\delta-2} J_0\left(\frac{\lambda_0 u}{R}\right) S^1(u)\mathrm{d}u =$$

$$I_{11}^{(1)} + I_{11}^{(2)}$$

则利用式 ㉖ 即知

$$I_{11}^{(1)} = O\left(R^{-2\delta}\int_0^{R^{\frac{1}{2}}} u^3 R^{2\delta-4}\mathrm{d}u\right) = O(R^{-2})$$

$$I_{11}^{(2)} = O\left(R^{-2\delta}\int_{R^{\frac{1}{2}}}^R u^{3-\alpha}(R^2-u^2)^{\delta-1}\cdot\frac{1}{R^2}\cdot\frac{\left|J_0\left(\frac{\lambda_0 u}{R}\right)\right|}{1-\frac{u}{R}}\mathrm{d}u\right) =$$

$$O\left(R^{-2\delta+2-\alpha-2}\int_{R^{\frac{1}{2}}}^R u(R^2-u^2)^{\delta-1}\mathrm{d}u\right) = O(R^{-\alpha})$$

故我们得到

$$I_{11} = O(R^{-\alpha}) \qquad \text{㉘}$$

同样地，令

$$I_{12} = \frac{\delta\lambda_0}{R^{2\delta+1}}\left\{\int_0^{R^{\frac{1}{3}}} + \int_{R^{\frac{1}{3}}}^R\right\} u^2(R^2 -$$

$$u^2)^{\delta-1} J_1\left(\frac{\lambda_0 u}{R}\right) S^1(u) \mathrm{d}u =$$
$$I_{12}^{(1)} + I_{12}^{(2)}$$

利用式 ㉖ 即知
$$I_{12}^{(1)} = O\left(R^{-2\delta-1}\int_0^{R^{\frac{1}{3}}} u^2 R^{2\delta-2} \mathrm{d}u\right) = O(R^{-2})$$
$$I_{12}^{(2)} = O\left(R^{-2\delta-1}\int_{R^{\frac{1}{3}}}^{R} u^{1-\alpha} u (R^2 - u^2)^{\delta-1} \mathrm{d}u\right) = O(R^{-\alpha})$$

故我们得到
$$I_{12} = O(R^{-\alpha}) \qquad ㉙$$

合并式 ㉘ 及式 ㉙ 即得
$$I_1 = O(R^{-\alpha}) \qquad ㉚$$

其次来估计 I_2. 利用式 ㉖ 进行一次分部积分并注意
$$\frac{\mathrm{d}}{\mathrm{d}x}\left(\frac{J_1(x)}{x}\right) = -\frac{J_2(x)}{x}$$

即可得到
$$I_2 = \frac{\lambda_0}{2R^{2\delta+1}}(R^2 - u^2)^{\delta} J_1\left(\frac{\lambda_0 u}{R}\right) u S^1(u) \bigg|_0^R +$$
$$\frac{\lambda_0 \delta}{R^{2\delta+1}}\int_0^R u^2 S^1(u)(R^2-u^2)^{\delta-1} J_1\left(\frac{\lambda_0 u}{R}\right) \mathrm{d}u +$$
$$\frac{\lambda_0^2}{2R^{2\delta+2}}\int_0^R (R^2-u^2)^{\delta} J_2\left(\frac{\lambda_0 u}{R}\right) u S^1(u) \mathrm{d}u$$

上式第一项为 0，而第二项即为 I_{12}，最后一项记作 I_{21}，令
$$I_{21} = \frac{\lambda_0^2}{2R^{2\delta+2}}\left\{\int_0^A + \int_A^R\right\} u (R^2-u^2)^{\delta} J_2\left(\frac{\lambda_0 u}{R}\right) S^1(u) \mathrm{d}u =$$
$$I_{21}^{(1)} + I_{21}^{(2)}$$

则易知
$$I_{21}^{(1)} = O\left(R^{-2\delta-2}\int_0^A R^{2\delta} u \mathrm{d}u\right) = O(R^{-2})$$
$$I_{21}^{(2)} = O\left(R^{-2\delta-2}\int_A^R R^{2\delta} u^{1-\alpha} \mathrm{d}u\right) = O(R^{-\alpha})$$

故有
$$I_{21} = O(R^{-\alpha})$$

因此也就有
$$I_2 = O(R^{-\alpha}) \qquad ㉛$$

合并式 ㉚ 及式 ㉛，最后即得到
$$\mu_{\frac{\lambda_0}{R}}(S_R^{\delta}) = O(R^{-\alpha})$$

此即证明了(i).

现在设 $\dfrac{\partial f}{\partial x},\dfrac{\partial f}{\partial y}\in\mathrm{Lip}\,\alpha$，由定理 1 的结果，知

$$S^1(u)=O(u^{-1-\alpha})$$

此时对 $I_{11}^{(1)}$ 的估计仍成立，而对 $I_{11}^{(2)}$，我们有

$$I_{11}^{(2)}=O\Big(R^{-2\delta}\int_{R^{\frac{1}{2}}}^{R}u^{2-\alpha}(R^2-u^2)^{\delta-1}\frac{1}{R^2}\mathrm{d}u\Big)=O(R^{-1-\alpha})$$

因此有

$$I_{11}=O(R^{-1-\alpha})$$

又对 $I_{12}^{(2)}$，我们有

$$I_{12}^{(2)}=O\Big(R^{-2\delta-1}\int_{R^{\frac{1}{3}}}^{R}u^{1-\alpha}(R^2-u^2)^{\delta-1}\cdot\frac{u}{R}\mathrm{d}u\Big)=O(R^{-1-\alpha})$$

因此也有

$$I_{12}=O(R^{-1-\alpha})$$

最后可得

$$I_{21}^{(2)}=O\Big(R^{-2\delta-2}\int_{A}^{R}R^{2\delta}u^{-\alpha}\cdot\frac{u^2}{R^2}\mathrm{d}u\Big)=O(R^{-1-\alpha})$$

故也有

$$I_{21}=O(R^{-1-\alpha})$$

合并以上的结论即得到

$$\mu_{\frac{\lambda_0}{R}}(S_R^\delta)=O(R^{-1-\alpha})$$

此即证明了(ii).

§4 定理 3 的证明

首先我们有

$$S_R^{(k)}(x,y;f)=\int_0^\infty \varphi_{xy}\Big(\frac{t}{R}\Big)H_k(t)\mathrm{d}t \qquad ㉜$$

其中 φ_{xy} 由式 ⑰ 定义，而

$$H_k(t)=t\int_0^1 u(1-u^k)J_0(ut)\mathrm{d}u$$

在式 ㉜ 中令 $f\equiv 1$，即有

$$\int_0^\infty H_k(t)\mathrm{d}t=1 \qquad ㉝$$

因此有

$$S_R^{(k)}(x,y;f)-f(x,y)=$$

$$\int_0^\infty \left[\varphi_{xy}\left(\frac{t}{R}\right) - f(x,y)\right] H_k(t) \mathrm{d}t \qquad ㉞$$

现在设 k 是偶数,即 $k=2k_1$,则利用贝塞尔函数的关系式

$$xJ'_n(x) + nJ_n(x) = xJ_{n-1}(x) \qquad ㉟$$

不难得到

$$H_k(t) = \sum_{i=1}^{k_1}(-1)^{i+1}\frac{2^i k_1(k_1-1)\cdots(k_1-i+1)}{t^i}J_{i+1}(t) \qquad ㊱$$

注意到 $J_\mu(t) = O(t^{-\frac{1}{2}})(t \to \infty)$,因此知

$$H_k(t) = O(t^{-\frac{3}{2}}) \quad (t \to \infty)$$

则 $H_k(t) \in L(0,\infty)$. 令

$$H_k^{(1)}(u) = \int_u^\infty H_k(t)\mathrm{d}t$$

利用表达式 ㊱ 进行分部积分即知

$$H_k^{(1)}(u) = O(u^{-\frac{3}{2}}) \quad (u \to \infty)$$

用类似的方法递推下去可知,若我们令

$$H_k^{(j)}(u) = \int_u^\infty H_k^{(j-1)}(t)\mathrm{d}t$$

而

$$H_k^{(0)}(t) = H_k(t)$$

则 $H_k^{(j)}(u) \in L(0,\infty)$,且有

$$H_k^{(j)}(u) = O(u^{-\frac{3}{2}}) \quad (u \to \infty; j = 0,1,2,\cdots)$$

故可令

$$A_j = \int_0^\infty |H_k^{(j)}(u)|\mathrm{d}u \quad (j = 0,1,2,\cdots)$$

由式 ㉝ 知 $H_k^{(1)}(0) = 1$.

在式 ㉜ 中特别取 $f(x,y) = \mathrm{e}^{\mathrm{i}(x+y)}$,则注意此时

$$S_R^{(k)}(x,y;\mathrm{e}^{\mathrm{i}(x+y)}) = \left(1 - \frac{2^{\frac{k}{2}}}{R^k}\right)\mathrm{e}^{\mathrm{i}(x+y)}$$

$$\varphi_{xy}(t) = J_0(\sqrt{2}t)\mathrm{e}^{\mathrm{i}(x+y)}$$

再令 $x=0, y=0$,即得

$$1 - \frac{2^{\frac{k}{2}}}{R^k} = \int_0^\infty J_0\left(\frac{\sqrt{2}t}{R}\right)H_k(t)\mathrm{d}t$$

对上式右边进行两次分部积分,因 $H_k^{(1)}(0)=1$ 及 $J'_0(0)=0$,故可得到

$$1 - \frac{2^{\frac{k}{2}}}{R^k} = 1 - \frac{2}{R^2}\int_0^\infty H_k^{(2)}(t)J''_0\left(\frac{\sqrt{2}t}{R}\right)\mathrm{d}t$$

也即

$$\int_0^\infty H_k^{(2)}(t) J''_0\left(\frac{\sqrt{2}t}{R}\right) dt = \frac{2^{\frac{k}{2}}}{R^k} \cdot \frac{R^2}{2} \qquad \text{㊲}$$

若 $k>2$,则令 $R \to \infty$,即得
$$\int_0^\infty H_k^{(2)}(t) dt = H_k^{(3)}(0) = 0$$

若 $k>4$,则对式 ㊲ 左边再用分部积分即可推知
$$H_k^{(5)}(0) = 0$$

总之,只需注意
$$J_0^{(2i+1)}(0) = 0$$
$$J_0^{(2i)}(0) = (-1)^i \frac{(2i-1)(2i-3)\cdots 1}{2^i \cdot i!}$$

即可推知
$$H_k^{(3)}(0) = H_k^{(5)}(0) = \cdots = H_k^{(k-1)}(0) = 0$$

利用上述结果以及 $\varphi_{xy}^{(2i+1)}(0)=0$,我们对式 ㉔ 进行 j 次分部积分,而 $j \leqslant k$,即有
$$S_R^{(k)}(x,y;f) - f(x,y) = \frac{1}{R^j} \int_0^\infty \varphi_{xy}^{(j)}\left(\frac{t}{R}\right) H_k^{(j)}(t) dt \qquad \text{㊳}$$

因此,若已知
$$\left|\frac{\partial^j f}{\partial x^\alpha \partial y^\beta}\right| \leqslant M \quad (\alpha + \beta = j)$$

则
$$|S_R^{(k)}(x,y;f) - f(x,y)| \leqslant 2^j M A_j \frac{1}{R^j} \qquad \text{㊴}$$

设 $f \in C^p$,而 $p \leqslant k-1$,与证明定理 1 时一样,我们引出函数 $G(x,y)$, $f_\rho(x,y)$ 及 $\eta_\rho(x,y)$,则易知
$$\left|\frac{\partial^p \eta_\rho}{\partial x^\alpha \partial y^\beta}\right| \leqslant \omega_p(\rho) \quad (\alpha + \beta = p)$$

及
$$\left|\frac{\partial^{p+1} f_\rho}{\partial x^\alpha \partial y^\beta}\right| \leqslant \frac{\sqrt{2}}{\rho} \omega_p(\rho) \quad (\alpha + \beta = p+1)$$

因 $p+1 \leqslant k$,故利用式 ㊴ 即有
$$|S_R^{(k)}(x,y;\eta_\rho) - \eta_\rho(x,y)| \leqslant 2^p A_p \omega_p(\rho) \frac{1}{R^p}$$

$$|S_R^{(k)}(x,y;f_\rho) - f_\rho(x,y)| \leqslant 2^{p+1} \frac{\sqrt{2}}{\rho} \omega_p(\rho) A_{p+1} \frac{1}{R^{p+1}}$$

合并上两式,取 $\rho = \frac{1}{R}$,即知
$$|S_R^{(k)}(x,y;f) - f(x,y)| \leqslant$$

$$2^p(A_p + 2\sqrt{2}A_{p+1})\frac{1}{R^p}\omega_p\left(\frac{1}{R}\right) \qquad ㊵$$

故当 k 是偶数时定理已得证.

现在设 k 是奇数,同样利用关系式 ㉟ 可得

$$H_k(t) =$$

$$\sum_{i=0}^{k}(-1)^i\frac{k(k-2)(k-4)\cdots(k-2i)}{t^{i+1}}J_{i+2}(t) +$$

$$(-1)^{\frac{k-1}{2}}\frac{[k(k-2)(k-4)\cdots 1]^2(k+2)}{t^{k+1}} \cdot$$

$$\int_0^t \frac{J_{k+2}(u)}{u}du$$

故当 $j < k$ 时,仍有

$$H_k^{(j)}(u) = O(u^{-\frac{3}{2}}) \quad (u \to \infty)$$

而当 $j = k$ 时有

$$H_k^{(k)}(u) = B_k \cdot \frac{1}{u} + O(u^{-\frac{3}{2}}) \quad (u \to \infty) \qquad ㊶$$

其中

$$B_k = (-1)^{\frac{k-1}{2}}\frac{[k(k-2)\cdots 1]^2 \cdot (k+2)}{k!} \cdot$$

$$\int_0^\infty \frac{J_{k+2}(t)}{t}dt$$

又同样有

$$H_k^{(3)}(0) = H_k^{(5)}(0) = \cdots = H_k^{(k)}(0) = 0$$

因此当 $j < k$ 时式 ㊴ 仍成立. 与偶数的情形完全类似,即可推知当 $f(x,y) \in C^p$ 而 $p < k-1$ 时式 ㊵ 仍成立.

式 ㊴ 中,当 $j = k$ 时,也即若

$$\left|\frac{\partial^k f}{\partial x^\alpha \partial y^\beta}\right| \leq M \quad (\alpha + \beta = k)$$

则有

$$S_R^{(k)}(x,y;f) - f(x,y) =$$

$$\frac{1}{R^k}\int_0^\infty \varphi_{xy}^{(k)}\left(\frac{t}{R}\right)H_k^{(k)}(t)dt =$$

$$\frac{1}{R^k}\left\{\int_0^1 + \int_1^\infty\right\}\varphi_{xy}^{(k)}\left(\frac{t}{R}\right)H_k^{(k)}(t)dt =$$

$$O(R^{-k}) + \frac{1}{R^k}\int_1^\infty \varphi_{xy}^{(k)}\left(\frac{t}{R}\right)H_k^{(k)}(t)dt$$

注意到式 ㊶ 即得

$$S_R^{(k)}(x,y;f) - f(x,y) =$$
$$\frac{B_k}{R^k}\int_{\frac{1}{R}}^{\infty} \varphi_{xy}^{(k)}(u)\frac{1}{u}\mathrm{d}u + O(R^{-k}) =$$
$$O\left(\frac{\ln R}{R^k}\right)$$

利用上式与以前的推理一样,即知若 $f \in C^p$ 而 $p = k-1$,则式 ⑬ 成立. 定理 3 的证明已毕.

值得指出的是,当 $p = k-1$ 时,若 $\omega_p(\rho) = O(\rho^a)\left(0 \leqslant a < \frac{1}{2}\right)$,则直接利用等式

$$S_R^{(k)}(x,y;f) - f(x,y) =$$
$$\frac{1}{R^p}\int_0^{\infty} \varphi_{xy}^{(p)}\left(\frac{t}{R}\right) H_k^{(p)}(t)\mathrm{d}t$$

并注意到

$$\int_0^{\infty} H_k^{(p)}(t)\mathrm{d}t = H_k^{(p+1)}(0) = H_k^{(k)}(0) = 0$$

即得

$$|S_R^{(k)}(x,y;f) - f(x,y)| \leqslant O\left(\frac{1}{R^{p+a}}\right) \qquad ㊷$$

这是当 $a < \frac{1}{2}$ 时,积分

$$\int_0^{\infty} t^a |H_k^{(p)}(t)|\mathrm{d}t$$

是收敛的缘故. 关系式 ㊷ 表示对于 $\omega_p(\rho) = O(\rho^a)\left(0 \leqslant a < \frac{1}{2}\right)$ 的特殊情形来说

$$S_R^{(k)}(x,y;f) - f(x,y) = O\left[\frac{1}{R^p}\omega_p\left(\frac{1}{R}\right)\right] \quad (p = k-1)$$

当 k 是奇数时还是成立的.

在具有基的 Banach 空间中的最佳逼近问题

第 4 章

定义 1 设 G 是巴拿赫(Banach)空间 X 的一个子集. 设 $x \in X$, 如果元素 $y_0 \in G$ 使得

$$\|x - y_0\| = \inf_{y \in G} \|x - y\| \qquad ①$$

那么称 y_0 是 x 关于 G 的最佳逼近元素. 特别地, 当 $\dim G = n < \infty$ 时, G 中的元素叫作多项式; 当 G 是有限余维的闭子空间时, G 中的元素叫作多项式余元.

尽管在一些具体情况下最佳逼近元素的存在性和唯一性都有保证(例如区间 $[a,b]$ 上连续函数用次数小于或等于 n 的多项式逼近), 但最佳逼近元的计算则十分困难, 这是因为映射 $\Pi_G : x \to y_0$ (其中 $y_0 = \Pi_G(x)$ 是 x 的最佳逼近元素) 一般说来不是线性的. 但对于具有基的巴拿赫空间中关于有限维空间和有限余维空间, 我们可以通过引进一个等价范数使得映射 Π_G 成为线性映射而使得最佳元素的计算也变得容易些. 对于新范数逼近阶数与原来范数相同.

定义 2 设 X 为具有基 $\{x_n\}_{n=1}^{\infty}$ 的巴拿赫空间. X 上的范数叫作关于基 $\{x_n\}_{n=1}^{\infty}$ 的 T-范数(简称 T-范数), 如果:

(i) 对于每个 $x \in X$ 和 $n = 1, 2, \cdots$, 存在 x 的唯一的多项式最佳逼近元素 $y_0 = \Pi_{P_{(n)}}(x) \in P_{(n)} = [x_1, x_2, \cdots, x_n]$;

(ii) 这个多项式与 x 关于基 $\{x_n\}_{n=1}^{\infty}$ 的表示式的 n 项部分和一致, 等

$$\Pi_{P_{(n)}}(x) = s_n(x) \quad (x \in X, n = 1, 2, \cdots) \qquad ②$$

我们将用⦅ ⦆表示 T-范数.

定义 3 具有基 $\{x_n\}_{n=1}^{\infty}$ 的巴拿赫空间 X 上的范数叫作关于 $\{x_n\}_{n=1}^{\infty}$ 的 K-范数,如果:

(i) 对于每个 $x \in X$ 和 $n = 1, 2, \cdots$,存在 x 的唯一的多项式余元最佳逼近 $y_0 \in \Pi_{P^{(n)}}(x) \in P^{(n)} = [x_{n+1}, x_{n+2}, \cdots]$;

(ii) 这个多项式余元与 x 关于 $\{x_n\}_{n=1}^{\infty}$ 的表示式的 n-余项一致,等
$$\Pi_{P^{(n)}}(x) = r_n(x) = x - s_n(x) \quad (x \in X, n = 1, 2, \cdots) \qquad ③$$

我们将用⟩ ⟨表示 K-范数.

定义 4 具有基 $\{x_n\}_{n=1}^{\infty}$ 的巴拿赫空间 X 上的范数叫作关于 $\{x_n\}_{n=1}^{\infty}$ 的 TK-范数,如果这个范数关于基 $\{x_n\}_{n=1}^{\infty}$ 既是 T-范数又是 K-范数.

我们将用⦅ ⟩⦆表示 TK-范数.

现在我们来研究这些范数的特征.

定理 1 设 X 是具有基 $\{x_n\}_{n=1}^{\infty}$ 的巴拿赫空间.则:

(i) X 中范数是 T-范数当且仅当对于每个数列 $\{\alpha_n\}_{n=l-1}^{\infty} \subset \Phi$(系数域), $\alpha_{l-1} \neq 0$ 且级数 $\sum_{i=l}^{\infty} \alpha_i x_i$ 收敛,有

$$\left\| \sum_{i=l}^{\infty} \alpha_i x_i \right\| < \left\| \sum_{i=l-1}^{\infty} \alpha_i x_i \right\| \qquad ④$$

(ii) X 中范数是 K-范数当且仅当对于任意数列 $\{\alpha_1, \alpha_2, \cdots, \alpha_{n+1}\} \subset \Phi$(系数域)且 $\alpha_{n+1} \neq 0$ 有

$$\left\| \sum_{i=1}^{n} \alpha_i x_i \right\| < \left\| \sum_{i=1}^{n+1} \alpha_i x_i \right\| \qquad ⑤$$

(此时称基 $\{x_n\}_{n=1}^{\infty}$ 是严格单调的).

(iii) 如果 X 中范数是 TK-范数,那么对于任意数列 $\alpha_{l-1}, \alpha_l, \cdots, \alpha_n, \alpha_{n+1} \in \Phi$ 且 $|\alpha_{l-1}| + |\alpha_{n+1}| \neq 0$ 有

$$\left\| \sum_{i=l}^{n} \alpha_i x_i \right\| < \left\| \sum_{i=l-1}^{n+1} \alpha_i x_i \right\| \qquad ⑥$$

证明 (i) 假设 X 中范数是 T-范数,设级数 $\sum_{i=1}^{\infty} \alpha_i x_i$ 是收敛的,则 $\sum_{i=l-1}^{\infty} \alpha_i x_i$ 在 $P_{(l-1)} = [x_1, x_2, \cdots, x_{l-1}]$ 中有唯一的最佳逼近元素,即
$$\Pi_{P_{(l-1)}}\left(\sum_{i=l-1}^{\infty} \alpha_i x_i \right) = s_{l-1}\left(\sum_{i=l-1}^{\infty} \alpha_i x_i \right) = \alpha_{l-1} x_{l-1}$$

从而,因为 $0 \in P_{(l-1)}$ 有
$$\left\| \sum_{i=l}^{\infty} \alpha_i x_i \right\| = \left\| \sum_{i=l-1}^{\infty} \alpha_i x_i - \Pi_{P_{(l-1)}}\left(\sum_{i=l-1}^{\infty} \alpha_i x_i \right) \right\| <$$
$$\left\| \sum_{i=l-1}^{\infty} \alpha_i x_i - 0 \right\|$$

所以即得式 ④.

反之,假设式 ④ 成立,则对每个 $x = \sum_{i=l}^{\infty} \alpha_i x_i \in X$ 和 $p = \sum_{i=1}^{n} \beta_i x_i \in P_{(n)}$ 且 $p \neq s_n(x)$(其中 $1 \leqslant n < \infty$),有

$$\|x - s_n(x)\| = \|\sum_{i=n+1}^{\infty} \alpha_i x_i\| <$$
$$\|\sum_{i=n+1}^{\infty} \alpha_i x_i - \sum_{i=1}^{n} (\beta_i - \alpha_i) x_i\| =$$
$$\|x - p\|$$

因此 X 中的范数为 T- 范数.

(ii) 假设 X 中的范数为 K- 范数,设 $\alpha_1, \alpha_2, \cdots, \alpha_{n+1}$ 是数列且 $\alpha_{n+1} \neq 0$. 则 $\sum_{i=1}^{n+1} \alpha_i x_i$ 在 $P^{(n)} = [x_{n+1}, x_{n+2}, \cdots]$ 中有唯一的最佳逼近元素,即

$$\Pi_{P^{(n)}}(\sum_{i=l}^{n+1} \alpha_i x_i) = \sum_{i=1}^{n+1} \alpha_i x_i - s_n(\sum_{i=1}^{n+1} \alpha_i x_i) = \alpha_{n+1} x_{n+1}$$

由于 $0 \in P^{(n)}$,所以

$$\|\sum_{i=1}^{n} \alpha_i x_i\| = \|\sum_{i=1}^{n+1} \alpha_i x_i - \Pi_{P^{(n)}}(\sum_{i=1}^{n+1} \alpha_i x_i)\| <$$
$$\|\sum_{i=1}^{n+1} \alpha_i x_i - 0\|$$

式 ⑤ 成立.

反之,假设式 ⑤ 成立. 设 $x = \sum_{i=1}^{\infty} \alpha_i x_i \in X$, $p = \sum_{i=n+1}^{\infty} \beta_i x_i \in P^{(n)}$ 是任意的且 $p = r_n(x) = \sum_{i=n+1}^{\infty} \alpha_i x_i$,则存在一最小下标,譬如说 $n+m$,使得 $\beta_{n+m} \neq \alpha_{n+m}$. 从而应用式 ⑤ 得到

$$\|x - r_n(x)\| = \|\sum_{i=1}^{n} \alpha_i x_i\| =$$
$$\|\sum_{i=1}^{n} \alpha_i x_i - \sum_{i=n+1}^{n+m-1} (\beta_i - \alpha_i) x_i\| \leqslant$$
$$\|\sum_{i=1}^{n} \alpha_i x_i - \sum_{i=n+1}^{n+m} (\beta_i - \alpha_i) x_i\| \leqslant$$
$$\|\sum_{i=1}^{n} \alpha_i x_i - \sum_{i=n+1}^{n+m+1} (\beta_i - \alpha_i) x_i\| \leqslant \cdots \leqslant$$
$$\|\sum_{i=1}^{n} \alpha_i x_i - \sum_{i=n+1}^{\infty} (\beta_i - \alpha_i) x_i\| =$$
$$\|x - p\|$$

因此 X 中的范数是 K-范数.

(iii) 是(i)(ii) 的必要性的直接结果.

T-范数和 K-范数是不相同的. 由下面两个例子可以看出.

存在不是 K-范数的 T-范数.

例如在 c_0 上定义数

$$《x《 = \max_{1 \leqslant n < \infty} \left(\frac{1}{n} \sum_{i=1}^{n} a_i + \sup_{n+1 \leqslant j < \infty} |a_j| \right)$$
$$(x = \{a_i\}_{i=1}^{\infty} \in c_0) \qquad ⑦$$

那么《 《是 c_0 上的范数,《 《等价于 c_0 的原来范数, 且《 《关于 c_0 的单位向量基 $\{e_n\}_{n=1}^{\infty}$ 是 T-范数而不是 K-范数.

事实上, 由下面定理 2 知《 《是等价于 c_0 的原来范数的 T-范数. 另外, 有

$$《e_1 + e_2《 = \max\{1+1, \frac{1}{2}(1+1), \frac{1}{3}(1+1), \cdots\} = 2$$

$$《e_1 + e_2 + e_3《 = \max\{1+1, \frac{1}{2}(1+1+1),$$
$$\frac{1}{3}(1+1+1),$$
$$\frac{1}{4}(1+1+1), \cdots\} = 2$$

所以由式 ⑤ 知《 《不是 K-范数.

存在不是 T-范数的 K-范数. 例如, 对于每个 $n \geqslant 2$, 令 $\Pi_{1,n}$ 表示集合 $\{2, 3, \cdots, n-1, n+1, n+2, \cdots\}$ 上排列的全体, 则数

$$》x》 = \sup_{2 \leqslant n < \infty} \sup_{\sigma \leqslant \Pi_{1,n}} \left(\frac{|a_1|}{n \cdot 2^n} + \sum_{i=2}^{\infty} \frac{a_{\sigma(i)}}{2^i} \right) \qquad ⑧$$
$$(x = \{a_i\}_{i=1}^{\infty} \in c_0)$$

定义 c_0 上与 c_0 的原来范数等价的一个范数, 范数》 》关于 c_0 的单位向量基是 K-范数但不是 T-范数.

事实上, 显然》 》是 c_0 上的范数. 现在来证明这个范数与 c_0 的原来范数 $\|x\| = \sup_{1 \leqslant n < \infty} |a_i|$ 是等价的. 因为对于一切 $n \geqslant 2$ 和 $\sigma \in \Pi_{1,n}$ 有

$$\frac{|a_1|}{n \cdot 2^n} \leqslant \frac{1}{8}|a_1|, \quad \sum_{i=2, i \neq n}^{\infty} \frac{a_{\sigma(i)}}{2^i} \leqslant \frac{1}{2} \sup_{2 \leqslant j < \infty} |a_j|$$

所以有

$$》x》 \leqslant \frac{5}{8} \|x\| \quad (x \in c_0) \qquad ⑨$$

另外, 有

$$|a_1| \leqslant 8 \left(\frac{|a_1|}{2 \cdot 2^2} + \sum_{i=3}^{\infty} \frac{|a_i|}{2^i} \right) \leqslant 8》x》$$

$$|a_2| \leqslant 4\left(\frac{|a_1|}{3 \cdot 2^3} + \frac{|a_2|}{2^2} + \sum_{i=4}^{\infty} \frac{|a_i|}{2^i}\right) \leqslant 4 \|x\|$$
$$(x = \{a_i\}_{i=1}^{\infty} \in c_0)$$

且对于 $j > 2$ 选择一个正整数 $n(n > 2, n \neq j)$,选取一个排列 $\sigma_j \in \Pi_{1,n}$,且 $\sigma_j(2) = j$,得到

$$|a_j| \leqslant 4\left(\frac{|a_1|}{n \cdot 2^n} + \sum_{i=2, i\neq n}^{\infty} \frac{|a_{\sigma_j(i)}|}{2^i}\right) \leqslant 4 \|x\|$$
$$(x = \{a_i\}_{i=1}^{\infty} \in c_0)$$

所以

$$\frac{1}{8} \|x\| \leqslant \|x\| \quad (x \in c_0) \qquad ⑩$$

结合 ⑩ 与 ⑪ 知,$\|\cdot\|$ 与 $\|\cdot\|$ 等价.

现在我们证明:对于任意一对有限指标集 d_1 和 $d_2 (d_1 \subset d_2)$ 和每一有限数列 $\{a_i\}_{i \in d_2}$ 且 $\sum_{i \in d_2 \setminus d_1} |a_i| \neq 0$ 有

$$\left\|\sum_{i \in d_1} a_i e_i\right\| < \left\|\sum_{i \in d_2} a_i e_i\right\| \qquad ⑪$$

特别地,$\|\cdot\|$ 满足式 ⑤,从而 $\|\cdot\|$ 是 K- 范数.

事实上,由于 d_1 是有限集,根据范数 $\|\cdot\|$ 的定义式 ⑧ 知 $\left\|\sum_{i \in d_1} a_i e_i\right\|$ 一定在某个 $n_0 \geqslant 2$ 和某个排列 $\sigma_0 \in \Pi_{1,n}$ 上达到. 又因 $\sum_{i \in d_2 \setminus d_1} |a_i| \neq 0$,当同样的 n_0 和 σ_0 用于级数 $\sum_{i \in d_2} a_i e_i$ 时得到的 $\left\|\sum_{i \in d_2} a_i e_i\right\|$ 必然大于 $\left\|\sum_{i \in d_1} a_i e_i\right\|$,从而式 ⑪ 得证.

现在我们来证明

$$\left\|\sum_{m=1}^{\infty} \frac{1}{m} e_m\right\| \geqslant \left\|\sum_{m=2}^{\infty} \frac{1}{m} e_m\right\| \qquad ⑫$$

从而,根据定理 1(i) 知 $\|\cdot\|$ 不是 T- 范数.

事实上,显然有

$$\left\|\sum_{m=1}^{\infty} \frac{1}{m} e_m\right\| \geqslant \left\|\sum_{m=2}^{\infty} \frac{1}{m} e_m\right\| \qquad ⑬$$

固定 $n \geqslant 2$. 如果对于一对正整数 $i, j \in \{2, 3, \cdots, n-1, n+1, \cdots\}$ 和一排列 $\sigma \in \Pi_{1,n}$ 有 $\frac{1}{\sigma(i)} < \frac{1}{\sigma(i+j)}$,那么对于定义为

$$\sigma'(k) = \sigma(k), \sigma'(i) = \sigma(i+j), \sigma'(i+j) = \sigma(i) \quad (k \neq i, k \neq j)$$

的排列 $\sigma' \in \Pi_{1,n}$,有

$$\sum_{m=2,m\neq n}^{\infty}\frac{1}{\sigma'(m)2^m} > \sum_{m=2,m\neq n}^{\infty}\frac{1}{\sigma(m)2^m}$$

(因为当 $\alpha > \beta \geq 0$ 时有 $\frac{\alpha}{2^i}+\frac{\beta}{2^{i+j}} > \frac{\beta}{2^i}+\frac{\alpha}{2^{i+j}}$). 因此,对于每个 $n \geq 2$ 和 $\sigma \in \Pi_{1,n}$,有

$$\frac{1}{n2^n} + \sum_{m=2,m\neq n}^{\infty}\frac{1}{\sigma(m)2^m} \leq \frac{1}{n2^n} + \sum_{m=2,m\neq n}^{\infty}\frac{1}{m2^m} =$$

$$\sum_{m=2}^{\infty}\frac{1}{m2^m} =$$

$$\sup_{2\leq n<\infty}\sum_{m=2,m\neq n}^{\infty}\frac{1}{m2^m} =$$

$$\sup_{2\leq n<\infty}\sup_{\tau\in\Pi_{1,n}}\sum_{m=2,m\neq n}^{\infty}\frac{1}{\tau(m)2^m} =$$

$$《\sum_{m=2}^{\infty}\frac{1}{m}e_m 》$$

与式 ⑬ 一起可推出式 ⑫. 从而 》 》是 K- 范数.

定理 2 设 X 是具有基 $\{x_n\}_{n=1}^{\infty}$ 的巴拿赫空间. $\{x_n^*\}_{n=1}^{\infty}$ 是相应于 $\{x_n\}_{n=1}^{\infty}$ 的系数泛函序列. 则:

(i) 对于每个 $x \in X$,定义

$$《x《_1 = \max_{1\leq n<\infty}\left\{\frac{1}{n}\sum_{i=1}^{n}\|x_i^*(x)x_i\| + \sum_{i=n+1}^{\infty}\|x_i^*(x)x_i\|\right\} \quad ⑭$$

$$《x《_2 = \sum_{i=1}^{\infty}\frac{1}{2^i}\|x_i^*(x)x_i\| + \max_{1\leq n<\infty}\|\sum_{i=n}^{n}x_i^*(x)x_i\| \quad ⑮$$

《 《$_1$ 及《 《$_2$ 都是 X 上关于 $\{x_n\}_{n=1}^{\infty}$ 的 T- 范数且与原来范数 ‖ ‖ 等价.

(ii) 对于每个 $x \in X$ 定义

$$》x》 = \sum_{i=1}^{\infty}\frac{1}{2^i}\|x_i^*(x)x_i\| + \sup_{1\leq n<\infty}\|\sum_{i=1}^{n}x_i^*(x)x_i\| \quad ⑯$$

》 》是等价于原范数 ‖ ‖ 关于 $\{x_n\}_{n=1}^{\infty}$ 的 K- 范数.

(iii) 对于每个 $x \in X$ 定义

$$《x》 = \sum_{i=1}^{\infty}\frac{1}{2^i}\|x_1^*(x)x_i\| + \sup_{1\leq n,m<\infty}\|\sum_{i=n}^{m}x_i^*(x)x_i\| \quad ⑰$$

《 》是 X 上关于 $\{x_n\}_{n=1}^{\infty}$ 的 TK-范数且等价于原来的范数 $\|\ \|$.

证明 (i) 首先注意,由于 $\{x_n\}_{n=1}^{\infty}$ 是基,那么式 ⑭ 中右端圆括号中的两项当 $n \to \infty$ 时均趋向于 0,所以式 ⑭ 的最大值必然在某个自然数取 n 时达到.

现在我们证明式 ⑭ 定义 X 上一范数. 显然 $《x》_1 \geq 0$ 且 $《0》_1 = 0$. 如果我们有 $《x》_1 = 0$,那么由

$$《x》_1 \geq \|x_1^*(x)x_1\| + \|\sum_{i=2}^{\infty} x_i^*(x)x_i\| \geq$$
$$\|\sum_{i=1}^{\infty} x_i^*(x)x_i\| = \|x\| \quad (x \in X) \qquad ⑱$$

有 $x = 0$. 由于对于某个适当的 n_0 有

$$《x+y》_1 = \frac{1}{n_0}\sum_{i=1}^{n_0} \|x_i^*(x+y)x_i\| +$$
$$\|\sum_{i=n_0+1}^{\infty} x_i^*(x+y)x_i\|$$

立即推出三角不等式成立,即

$$《x+y》_1 \leq 《x》_1 + 《y》_1$$

由式 ⑭ 立即可得 $《\alpha x》_1 = |\alpha|《x》_1$.

现在证明 $《\ 》_1$ 与原范数 $\|\ \|$ 的等价性.

由于

$$《x》_1 = \frac{1}{n_0}\sum_{i=1}^{n_0} \|x_i^*(x)x_i\| + \|\sum_{i=n_0+1}^{\infty} x_i^*(x)x_i\| \leq$$
$$\max_{1 \leq i < \infty} \|x_i^*(x)x_i\| + \|x - \sum_{i=1}^{n_0} x_i^*(x)x_i\| \leq$$
$$\max_{1 \leq i \leq n_0}(\|\sum_{j=1}^{i} x_j^*(x)x_j\| + \|\sum_{j=1}^{i-1} x_j^*(x)x_j\|) +$$
$$\|x\| + \|\sum_{i=1}^{n_0} x_i^*(x)x_i\| \leq$$
$$3 \sup_{1 \leq n < \infty} \|\sum_{i=1}^{n} x_i^*(x)x_i\| + \|x\| \leq$$
$$(3K+1)\|x\|$$

其中 K 是 $\{x_n\}_{n=1}^{\infty}$ 的基常数,上面不等式与式 ⑱ 一起说明 $《\ 》_1$ 等价于 $\|\ \|$.

最后让我们证明 $《\ 》_1$ 是 T-范数. 设 $\{\alpha_i\}_{i=l}^{\infty}$ 是 $\alpha_{l-1} \neq 0$ 且使 $\sum_{i=l}^{\infty} \alpha_i x_i$ 收敛的数列. 那么对于某一适当的 $n_0, l \leq n_0 < \infty$ 有

$$《\sum_{i=l}^{\infty} \alpha_i x_i》_1 = \frac{1}{n_0}\sum_{i=l}^{n_0} \|\alpha_i x_i\| + \|\sum_{i=n_0+1}^{\infty} \alpha_i x_i\| <$$

$$\frac{1}{n_0}\sum_{i=l-1}^{n_0}\|\alpha_i x_i\| + \|\sum_{i=n_0+1}^{\infty}\alpha_i x_i\| \leqslant$$

$$\max_{l-1\leqslant n<\infty}\left(\frac{1}{n}\sum_{i=l-1}^{n}\|\alpha_i x_i\| + \|\sum_{i=n+1}^{\infty}\alpha_i x_i\|\right) =$$

$$《\sum_{i=l-1}^{\infty}\alpha_i x_i 《_1$$

所以由定理 1(i) 知《 《$_1$ 是 T- 范数.

现在来考虑式 ⑮ 所定义的《 《$_2$. 因为 $\{x_n\}_{n=1}^{\infty}$ 是基, 所以式 ⑮ 右端的 max 必然在某个 n 达到.《 《$_2$ 显然是 X 上的范数.《 《$_2$ 是等价于 $\|\ \|$ 的, 因为对于每个 $x \in X$ 有

$$\|x\| = \|\sum_{i=1}^{\infty} x_i^*(x) x_i\| \leqslant 《x 《_2 \leqslant$$

$$\max_{1\leqslant i<\infty}\|x_i^*(x)x_i\| + \max_{1\leqslant n<\infty}\|\sum_{i=n}^{\infty} x_i^*(x)x_i\| \leqslant$$

$$\max_{1\leqslant i<\infty}(\|\sum_{j=i}^{\infty} x_j^*(x)x_j\| + \|\sum_{j=i+1}^{\infty} x_j^*(x)x_j\|) +$$

$$\max_{1\leqslant n<\infty}\|\sum_{i=n}^{\infty} x_i^*(x)x_i\| \leqslant$$

$$3\max_{1\leqslant n<\infty}\|\sum_{i=n}^{\infty} x_i^*(x)x_i\| \leqslant$$

$$3\|x\| + \sup_{1\leqslant n<\infty}\|\sum_{i=1}^{n} x_i^*(x)x_i\| \leqslant$$

$$3(1+K)\|x\| \quad (K\ 是\ \{x_n\}_{n=1}^{\infty}\ 的基常数)$$

最后证明《 《$_2$ 是 T- 范数. 设 $\{\alpha_i\}_{i=l-1}^{\infty}$, $\alpha_{l-1} \neq 0$ 是使 $\sum_{i=l}^{\infty}\alpha_i x_i$ 收敛的数列, 那么

$$《\sum_{i=l}^{\infty}\alpha_i x_i 《_2 = \sum_{i=l}^{\infty}\frac{1}{2^i}\|\alpha_i x_i\| + \max_{l\leqslant n<\infty}\|\sum_{i=1}^{\infty}\alpha_i x_i\| <$$

$$\sum_{i=l-1}^{\infty}\frac{1}{2^i}\|\alpha_i x_i\| + \max_{l-1\leqslant n<\infty}\|\sum_{i=n}^{\infty}\alpha_i x_i\| =$$

$$《\sum_{i=l-1}^{\infty}\alpha_i x_i 《_2$$

所以由定理 1(i) 知《 《$_2$ 是 T- 范数.

(ii) 显然式 ⑯ 所定义的 》 》是 X 上的范数. 下面证明 》 》与 $\|\ \|$ 等价, 因为对于每个 $x \in X$ 有

$$\|x\| \leqslant 》x 》 \leqslant \max_{1\leqslant i<\infty}\|x_i^*(x)x_i\| +$$

$$\sup_{1\leqslant n<\infty}\|\sum_{i=1}^{n}x_i^*(x)x_i\|\leqslant$$

$$\max_{1\leqslant i<\infty}(\|\sum_{j=1}^{i}x_j^*(x)x_j\|+\|\sum_{j=1}^{i-1}x_j^*(x)x_j\|)+$$

$$\sup_{1\leqslant n<\infty}\|\sum_{i=1}^{n}x_i^*(x)x_i\|\leqslant$$

$$3K\|x\| \quad (K \text{ 为}\{x_n\}_{n=1}^{\infty}\text{的基常数}).$$

最后，对于任意数列 $\alpha_1,\alpha_2,\cdots,\alpha_{n+1}$ 且 $\alpha_{n+1}\neq 0$ 有

$$《\sum_{i=1}^{n}\alpha_i x_i》=\sum_{i=1}^{n}\frac{1}{2^i}\|\alpha_i x_i\|+\max_{1\leqslant k\leqslant n}\|\sum_{i=1}^{k}\alpha_i x_i\|<$$

$$\sum_{i=1}^{n+1}\frac{1}{2^i}\|\alpha_i x_i\|+\max_{1\leqslant k\leqslant n+1}\|\sum_{i=1}^{k}\alpha_i x_i\|=$$

$$》\sum_{i=1}^{n+1}\alpha_i x_i》$$

根据定理 1(ii) 知》 》是 X 上的 K- 范数.

(iii) 与证明《 《$_2$ 和(ii) 相类似地证明.

推论 1 在定理 2 的条件下，对于每个元素 $x\in X$, 定义

$$《(x)》=\sup_{1\leqslant n<\infty}\{《\sum_{i=1}^{n}x_i^*(x)x_i《(+)》\sum_{i=n+1}^{\infty}x_i^*(x)x_i》\} \qquad ⑲$$

其中《 《是 T- 范数,》 》是 K- 范数,则《 》是 X 上等价于原范数 ‖ ‖ 的 TK- 范数.

注 对于双正交系 $\{x_n,x_n^*\}_{n=1}^{\infty}$ 当 $[x_n]_{n=1}^{\infty}=X$ 时可与定理 2 类似地引进一个 T- 范数. 对于定理 2 的某种意义下的逆定理成立：

如果对于双正交系 $\{x_n,x_n^*\}_{n=1}^{\infty}$ 有一个与原范数等价的 T- 范数且 $[x_n]_{n=1}^{\infty}=X$, 那么 $\{x_n\}_{n=1}^{\infty}$ 是 X 的基.

推论 2 设 X 是具有基 $\{x_n\}_{n=1}^{\infty}$ 的巴拿赫空间. 令

$$b_n(x)=\inf_{y\in P_{(n)}}\|x-y\| \quad (x\in X,n=1,2,\cdots) \qquad ⑳$$

则存在一仅依赖于基 $\{x_n\}_{n=1}^{\infty}$ 的常数 $M, 0<M<1$, 使

$$M\|x-s_n(x)\|\leqslant b_n(x)\leqslant\|x-s_n(x)\|$$
$$(x\in X,n=1,2,\cdots) \qquad $$

其中 s_n 是关于 $\{x_n\}_{n=1}^{\infty}$ 的部分和算子, $P_{(n)}=[x_1,\cdots,x_n]$.

证明 设 $x\in X, n$ 是任意的正整数. 设 $y_0\in P_{(n)}$ 是 x 的最佳逼近元素, 因为 $\dim P_{(n)}<\infty$, 故这样的元素 y_0 是存在的. 那么 $b_n(x)=\|x-y_0\|$. 根据定理 2, 设《 《是 X 上等价于原来范数 ‖ ‖ 的 T- 范数. 设常数 M_1 和 M_2 使得对于一切 $x\in X$ 有

$$M_1\|x\|\leqslant《x《\leqslant M_2\|x\|$$

则
$$b_n(x) = \| x - y_0 \| \geqslant \frac{1}{M_2} (\!(x - y_0)\!) \geqslant$$
$$\frac{1}{M_2} (\!(x - s_n(x))\!) \geqslant$$
$$\frac{M_1}{M_2} \| x - s_n(x) \|$$

这样得到式 ㉑ 的第一个不等式,$M = M_1/M_2$,㉑ 的第二个不等式由 ⑳ 得到. 所以式 ㉑ 成立.

这个推论说明 $\{b_n(x)\}_{n=1}^{\infty}$ 与 $\{\| x - s_n(x) \|\}_{n=1}^{\infty}$ 具有相同的"阶",如果我们要计算 $\{b_n(x)\}_{n=1}^{\infty}$ 收敛于 0 的速度时,可用计算数列 $\{\| x - s_n(x) \|\}_{n=1}^{\infty}$ 来代替.

注 推论 2 在某种意义下的逆定理也成立. 如果对于双正交系 $\{x_n, x_n^*\}_{n=1}^{\infty}$ 且 $[x_n]_{n=1}^{\infty} = X$ 有式 ㉑ 的第一个不等式,那么
$$\| s_n(x) \| \leqslant \| x \| + \| x - s_n(x) \| \leqslant$$
$$\| x \| + \frac{1}{M} | b_n(x) | \leqslant$$
$$\left(1 - \frac{1}{M}\right) \| x \| \quad (x \in X, n = 1, 2, \cdots)$$

可得 $\{x_n\}_{n=1}^{\infty}$ 是 X 的基. 此外,对于序列 $\{x_n\}_{n=1}^{\infty} \subset X$,$x_n \neq 0 (n = 1, 2, \cdots)$ 且 $[x_n]_{n=1}^{\infty} = X$,引入算子
$$Q_n \left(\sum_{i=1}^{n} \alpha_i x_i \right) = \begin{cases} \sum_{i=1}^{n} \alpha_i x_i, & n = 1, 2, \cdots, k \\ \sum_{i=1}^{n} \alpha_i x_i, & n = k+1, k+2, \cdots \end{cases}$$

用 Q_n 代替 s_n 并用同样的方法讨论知,如果 $\{x_n\}_{n=1}^{\infty} \subset X$,$[x_n]_{n=1}^{\infty} = X$ 且 $x_n \neq 0 (n = 1, 2, \cdots)$,存在一常数 M,$0 < M \leqslant 1$,使得
$$\| y - Q_n(y) \| \leqslant \frac{1}{M} b_n(y) \quad (y \in \bigcup_{k=1}^{\infty} P_{(k)}, n = 1, 2, \cdots)$$
那么 $\{x_n\}_{n=1}^{\infty}$ 是 X 的基.

此外,还可在具有基的巴拿赫空间中引入弱 T- 范数和弱 K- 范数等.

对于具有无条件基的巴拿赫空间,我们可以与对于具有基的巴拿赫空间相似地给出 T- 范数、K- 范数和 TK- 范数等的定义并讨论它们之间的关系. 但此时它们之间的关系与具有基的巴拿赫空间的情况很不相同.

定义 5 具有无条件基 $\{x_n\}_{n=1}^{\infty}$ 的巴拿赫空间中的范数叫作关于 $\{x_n\}_{n=1}^{\infty}$ 的 NT- 范数,如果:

(i) 对于每个 $x \in X$ 和 $d = \{i_1, i_2, \cdots, i_n\} \in \mathscr{D}$ ($\mathscr{D} = \{\{i_1, i_2, \cdots, i_n\} \subset \mathbf{N}$;

$1 \leqslant n < \infty\})$，$x$ 有唯一的多项式最佳逼近元素

$$y_0 = \Pi_{P_{(d)}}(x) \in P_{(d)} = [x_{i_1}, x_{i_2}, \cdots, x_{i_n}]$$

(ii) 这个多项式与 x 关于基 $\{x_n\}_{n=1}^{\infty}$ 表示式的 d- 部分和一致

$$\Pi_{P_{(d)}}(x) = s_d(x) = \sum_{j=1}^{n} x_{i_j}^*(x) x_{i_j}$$

$$(x \in X; d = \{i_1, i_2, \cdots, i_n\} \in \mathscr{D})$$

用《 《$_u$ 表示 X 的 NT- 范数.

定义 6 具有无条件基 $\{x_n\}_{n=1}^{\infty}$ 的巴拿赫空间的范数叫作关于 $\{x_n\}_{n=1}^{\infty}$ 的 NK- 范数，如果：

(i) 对于每个 $x \in X$ 和 $d = \{i_1, i_2, \cdots, i_n\} \in \mathscr{D}$，$x$ 有唯一的多项式余元最佳逼近 $y_0 = \Pi_{P^{(d)}}(x) \in P^{(d)} = [x_j]_{j \in \mathbf{N} \setminus d}$;

(ii) 这个多项式余元与 x 关于基 $\{x_n\}_{n=1}^{\infty}$ 的表示式的 d- 余基一致

$$\Pi_{P_{(d)}}(x) = r_d(x) = x - s_d(x)$$

$$(x \in X, d = \{i_1, i_2, \cdots, i_n\} \in \mathscr{D})$$

用》 》$_u$ 表示 X 的 NK- 范数.

定义 7 具有无条件基 $\{x_n\}_{n=1}^{\infty}$ 的巴拿赫空间 X 中的范数叫关于 $\{x_n\}_{n=1}^{\infty}$ 的 NTK- 范数，如果它对于这个基既是 NT- 范数又是 NK- 范数.

用《 》$_u$ 表示 NTK- 范数.

例如可分希尔伯特(Hilbert)空间 H 的自然范数是关于 H 的任何正交基的 NTK- 范数.

定理 3 设 X 为具有无条件基的巴拿赫空间. 则：

(i) X 中范数是 NT- 范数当且仅当对于每对 $d_1, d_2 \in \mathscr{D}, d_1 \subset d_2$ 和对于每个使级数 $\sum_{i \in \mathbf{N} \setminus d_1} \alpha_i x_i, \sum_{i \in \mathbf{N} \setminus d_2} \alpha_i x_i$ 收敛且 $\sum_{i \in d_2 \setminus d_1} |\alpha_i| \neq 0$ 的序列 $\{\alpha_i\}_{i \in \mathbf{N} \setminus d_1}$ 有

$$\left\| \sum_{i \in \mathbf{N} \setminus d_2} \alpha_i x_i \right\| < \left\| \sum_{i \in \mathbf{N} \setminus d_1} \alpha_i x_i \right\| \qquad ㉒$$

(ii) X 中范数是 NK- 范数当且仅当对于每一对 $d_1, d_2 \in \mathscr{D}, d_1 \subset d_2$ 和每个有限数列 $\{\alpha_i\}_{i \in d_2}$ 且 $\sum_{i \in d_2 \setminus d_1} |\alpha_i| \neq 0$ 有

$$\left\| \sum_{i \in d_1} \alpha_i x_i \right\| < \left\| \sum_{i \in d_2} \alpha_i x_i \right\| \qquad ㉓$$

证明 (i) 假设 X 中范数是 NT- 范数. 设 $d_2 \in D$ 且 $\sum_{i \in \mathbf{N} \setminus d_2} \alpha_i x_i$ 收敛，设 $d_1 \subset d_2$ 是任意的，则 $\sum_{i \in \mathbf{N} \setminus d_1} \alpha_i x_i$ 在 $P_{(d_2)} = [x_i]_{i \in d_2}$ 中有唯一最佳逼近元，即

$$\Pi_{P_{(d_2)}} \left(\sum_{i \in \mathbf{N} \setminus d_1} \alpha_i x_i \right) = s_{d_2} \left(\sum_{i \in \mathbf{N} \setminus d_1} \alpha_i x_i \right) = \sum_{i \in d_2 \setminus d_1} \alpha_i x_i$$

由于 $0 \in P_{(d_2)}$，因此

$$\|\sum_{i\in \mathbf{N}\backslash d_2}\alpha_i x_i\| = \|\sum_{i\in \mathbf{N}\backslash d_1}\alpha_i x_i - \Pi_{P_{(d_2)}}(\sum_{i\in \mathbf{N}\backslash d_1}\alpha_i x_i)\| <$$
$$\|\sum_{i\in \mathbf{N}\backslash d_1}\alpha_i x_i - 0\|$$

式 ㉒ 成立.

反之,假设式 ㉒ 成立. 那么对于每个 $x = \sum_{i=1}^{\infty}\alpha_i x_i \in X, d \in \mathcal{D}$ 和 $y = \sum_{i\in d}\beta_i x_i \in P_{(d)}$ 且 $y \neq s_d(x)$(在式 ㉒ 中令 $d_2 = d, d_1 = \emptyset$) 有

$$\|x - s_d(x)\| = \|\sum_{i\in \mathbf{N}\backslash d}\alpha_i x_i\| <$$
$$\|\sum_{i\in \mathbf{N}\backslash d}\alpha_i x_i - \sum_{i\in d}(\beta_i - \alpha_i)x_i\| =$$
$$\|x - y\|$$

因此 X 中这一范数为 NT- 范数.

(ii) 假设 X 中范数是 NK- 范数. 设 $\{\alpha_k\}_{i\in d_2}$ 是一有限数列,设 $d_1 \subset d_2$ 且 $\sum_{i\in d_2\backslash d_1}|\alpha_i| \neq 0$,则 $\sum_{i\in d_2}\alpha_i x_i$ 在 $P^{(d)} = [x_i]_{i\in \mathbf{N}\backslash d_1}$ 中有唯一最佳逼近元,即

$$\Pi_{P^{(d_1)}}(\sum_{i\in d_2}\alpha_i x_i) = \sum_{i\in d_2}\alpha_i x_i - s_{d_1}(\sum_{i\in d_2}\alpha_i x_i) = \sum_{i\in d_2\backslash d_1}\alpha_i x_i$$

由于 $0 \in P^{(d_1)}$,所以

$$\|\sum_{i\in d_1}\alpha_i x_i\| = \|\sum_{i\in d_2}\alpha_i x_i - \Pi_{P^{(d_1)}}(\sum_{i\in d_2}\alpha_i x_i)\| < \|\sum_{i\in d_2}\alpha_i x_i\|$$

式 ㉓ 成立.

反之,假设式 ㉓ 成立,设 $x = \sum_{i=1}^{\infty}\alpha_i x_i, d \in \mathcal{D}, y = \sum_{i\in \mathbf{N}\backslash d}\beta_i x_i \in P^{(d)}$ 且 $y \neq r_d(x) = \sum_{i\in \mathbf{N}\backslash d}\alpha_i x_i$ 是任意的. 那么,在 $\mathbf{N}\backslash d$ 中有一个最小的指标 i_0 使得 $\beta_{i_0} \neq \alpha_{i_0}$. 所以,多次应用式 ㉓ 之后得

$$\|x - r_d(x)\| = \|\sum_{i\in d}\alpha_i x_i\| =$$
$$\|\sum_{i\in d}\alpha_i x_i + \sum_{i\in \mathbf{N}\backslash d, i<i_0}(\beta_i - \alpha_i)x_i\| <$$
$$\|\sum_{i\in d}\alpha_i x_i + \sum_{i\in \mathbf{N}\backslash d, i\leqslant i_0}(\beta_i - \alpha_i)x_i\| \leqslant$$
$$\|\sum_{i\in d}\alpha_i x_i + \sum_{i\in \mathbf{N}\backslash d, i\leqslant i_0+1}(\beta_i - \alpha_i)x_i\| \leqslant \cdots \leqslant$$
$$\|\sum_{i\in d}\alpha_i x_i - \sum_{i\in \mathbf{N}\backslash d}(\beta_i - \alpha_i)x_i\| =$$
$$\|x - y\|$$

因此 X 中这一范数是 NK- 范数.

现在我们来考察 NT- 范数与 NK- 范数之间的关系.

定理 4 设 X 是具有无条件基 $\{x_n\}_{n=1}^{\infty}$ 的巴拿赫空间,则每个关于 $\{x_n\}_{n=1}^{\infty}$ 的 NT- 范数是关于 $\{x_n\}_{n=1}^{\infty}$ 的 NK- 范数,从而也是关于 $\{x_n\}_{n=1}^{\infty}$ 的 NTK- 范数.

证明 我们证明式 ㉒ 蕴涵式 ㉓.

设 $d_1, d_2 \in \mathscr{D}, d_1 \subset d_2$ 且 $\{\alpha_i\}_{i \in d_2}$ 使得 $\sum_{i \in d_2 \setminus d_1} |\alpha_i| \neq 0$. 令

$$\beta_i = \begin{cases} \alpha_i, & \text{对于 } i \in d_2 \\ 0, & \text{对于 } i \in \mathbf{N} \setminus d_2 \end{cases} \qquad ㉔$$

$$d_1' = \varnothing, \quad d_2' = d_2 \setminus d_1 \qquad ㉕$$

那么 $d_1', d_2' \in \mathscr{D}, d_1' \subset d_2', \sum_{i \in d_2' \setminus d_1'} |\beta_i| = \sum_{i \in d_2 \setminus d_1} |\alpha_i| \neq 0$ 且级数 $\sum_{i \in \mathbf{N} \setminus d_1'} \beta_i x_i = \sum_{i \in d_2} \alpha_i x_i$ 收敛. 因为这个范数是关于 $\{x_n\}_{n=1}^{\infty}$ 的 NT- 范数,由式 ㉒ 有

$$\|\sum_{i \in d_1} \alpha_i x_i\| = \|\sum_{i \in d_2 \setminus d_1'} \alpha_i x_i\| = \|\sum_{i \in \mathbf{N} \setminus d_2'} \beta_i x_i\| <$$
$$\|\sum_{i \in \mathbf{N} \setminus d_1'} \beta_i x_i\| = \|\sum_{i \in d_2} \beta_i x_i\|$$

这个定理的逆不成立.

例 存在不是 NT- 范数的 NK- 范数. 仍以 c_0 为例. 》 》表示由式 ⑳ 所确定的等价范数,那么令 $》x)_n = 》x)(x \in c_0)$ 是一个 NK- 范数,但不是关于 c_0 的单位向量基 $\{e_n\}_{n=1}^{\infty}$ 的 NT- 范数.

事实上,由定理 1 和式 ⑪ 及 ⑫ 知 $》x)_n$ 是关于 $\{e_n\}_{n=1}^{\infty}$ 的 NK- 范数,但不是 NT- 范数.

定理 5 设 X 是具有无条件基 $\{x_n\}_{n=1}^{\infty}$ 的巴拿赫空间,设 $\{x_n^*\}_{n=1}^{\infty} \subset X^*$ 是关于 $\{x_n\}_{n=1}^{\infty}$ 的系数泛函序列,则下式

$$《x》_n = \sum_{i=1}^{\infty} \frac{1}{2^i} \|x_i^*(x) x_i\| + \sup_{(i_1, i_2, \cdots, i_n) \in \mathscr{D}} \|\sum_{j=1}^{n} x_{i_j}^*(x) x_{i_j}\| \quad (x \in X) \qquad ㉖$$

是 X 上关于 $\{x_n\}_{n=1}^{\infty}$ 的等价于 X 上原来范数的 NTK- 范数.

证明 $《x》_n$ 显然是 X 上的范数. $《\ 》_n$ 等价于 X 上原来的范数,因为对于每个 $x \in X$ 有

$$\|x\| = 《x》_n \leqslant \max_{1 \leqslant i < \infty} \|x_i^*(x) x_i\| +$$
$$\sup_{(i_1, i_2, \cdots, i_n) \in \mathscr{D}} \|\sum_{j=1}^{n} x_{i_j}^*(x) x_{i_j}\| \leqslant$$
$$\max_{1 \leqslant i < \infty} (\|\sum_{j=1}^{i} x_j^*(x) x_j\| + \|\sum_{j=1}^{i-1} x_j^*(x) x_j\|) +$$

$$\sup_{(i_1,i_2,\cdots,i_n)\in\mathscr{D}} \|\sum_{j=1}^n x_{i_j}^*(x) x_{i_j}\| \leqslant$$

$$3K\|x\| \quad (K \text{ 是 } \{x_n\}_{n=1}^\infty \text{ 的无条件基常数})$$

最后,为了证明 $(\!(\ )\!)_n$ 是 NTK-范数,根据定理4只要证明 $(\!(\ )\!)_u$ 是 NT-范数便可. 设 $d_1, d_2 \in \mathscr{D}, d_1 \subset d_2$,设 $\{\alpha_i\}_{i\in\mathbf{N}\backslash d_2}$, $\sum_{i\in d_2\backslash d_1} |\alpha_i| \neq 0$ 且使得级数 $\sum_{i\in\mathbf{N}\backslash d_1} \alpha_i x_i$ 收敛,那么有 $\mathbf{N}\backslash d_1 = (\mathbf{N}\backslash d_2) \cup (d_2\backslash d_1)$,从而

$$(\!(\sum_{i\in\mathbf{N}\backslash d_2} \alpha_i x_i)\!)_u =$$

$$\sum_{i\in\mathbf{N}\backslash d_2} \frac{1}{2^i} \|\alpha_i x_i\| + \sup_{(i_1,i_2,\cdots,i_n)\in\mathscr{D}\cap(\mathbf{N}\backslash d_2)} \|\sum_{j=1}^n \alpha_{i_j} x_{i_j}\| <$$

$$\sum_{i\in\mathbf{N}\backslash d_1} \frac{1}{2^i} \|\alpha_i x_i\| + \sup_{(i_1,i_2,\cdots,i_n)\in\mathscr{D}\cap(\mathbf{N}\backslash d_1)} \|\sum_{j=1}^n \alpha_{i_j} x_{i_j}\| =$$

$$(\!(\sum_{i\in\mathbf{N}\backslash d_1} \alpha_i x_i)\!)_u$$

因此,由定理3(i)知 $(\!(\ )\!)_u$ 是 NT-范数.

值得指出的是在定理5的条件下并且用类似的方法可以证明下式

$$(\!(x)\!)_u = \sum_{i=1}^\infty \frac{1}{2^i} \|x_i^*(x) x_i\| +$$

$$\sup_{1\leqslant n<\infty, \varepsilon_i=\pm 1} \|\sum_{i=1}^n \varepsilon_i x_i^*(x) x_i\| =$$

$$\sum_{i=1}^\infty \frac{1}{2^i} \|x_i^*(x) x_i\| +$$

$$\sup_{x^*\in X^*, \|x^*\|\leqslant 1} \sum_{i=1}^n |x_i^*(x) x^*(x)|$$

是 X 上等价于原范数的 NTK-范数.

变形的 L_1 有理逼近

第 5 章

§1 引 言

众所周知,普通有理逼近在切比雪夫范数意义下的特征定理具有明显的几何意义——交错性([4],p.208),但在 L_1 范数意义下交错性定理不再成立([7],p.139). 1964 年,赖斯(Rice)在文献[2]中对一般的非线性 L_1 逼近问题进行了研究,得到了最佳逼近的完全特征定理,然而它有两个缺点:(1) 它需要两个假定,即凸性假定和可微性假定,文献[1]进一步指出,对于任何非线性逼近,总存在被逼近函数使凸性假定不成立;(2) 用它来判别最佳逼近是很困难的,因它不像切比雪夫有理逼近的特征定理那样具有明显的几何意义. 1972 年,邓纳姆(Dunham)在文献[5]中对一般的平均有理逼近进行了研究,他虽然克服了上述缺点(1),但得到的仅是局部最佳逼近的不完全特征定理. 对于 L_1 线性逼近问题,赖斯在文献[6]中所论述的完全特征定理仅克服了上述缺点(1),缺点(2)仍然没有克服,为了证明平均逼近的特征定理具有交错性,1982 年,平库斯(A. Pinkus)和 O. Shisha 在文献[3]中提出了连续函数的两类平均型度量,它们都是 L_1 范数的变形,值得注意的是相应的线性最佳逼近的特征定理具有交错性,可它们都不是范数. 史应光提出了连续函数的一类变形的 L_1 范数,在此范数意义下,他得到了经典线性切比雪夫理论的几乎所有结果,北京航空航天大学的冷文浩教授 1990 年研究了在史应光所述范数

意义下的有理逼近问题,得到的主要结果是,如果相应的最佳逼近存在,则必唯一,而且其特征定理具有明显的几何意义——交错性.

为了方便起见,本章仅考虑 $[0,1]$ 上的问题.

设 $f \in C[0,1]$,定义 $X = \{I: I = (c,d), 0 \leqslant c \leqslant d \leqslant 1\}$ 及 f 的范数(为简单记 $f(I) = \int_I f(t)dt$,$\|f\| = \sup\limits_{I \in X} |f(I)|$,又定义 $X_f = \{I \in X: |f(I)| = \|f\|\}$.).

记 $\mathbf{P}_N$ 为次数小于或等于 N 的所有代数多项式所成的集合,其中 N 为非负整数;记 m,n 为固定的非负整数,令(为简单记 $Q > 0$ 表示 $Q(x) > 0, \forall x \in [0,1]$)

$$\mathbf{R}_m^n = \{P/Q: P \in \mathbf{P}_n, Q \in \mathbf{P}_m, Q > 0 \text{ 且 } P \text{ 与 } Q \text{ 不可约}\}$$

定义 1 设 $f \in C[0,1]$,若存在 $R_0 \in \mathbf{R}_m^n$,使 $\|f - R_0\| = \inf\limits_{R \in \mathbf{R}_m^n} \|f - R\|$,则称 R_0 为 f 在 $\mathbf{R}_m^n$ 中的最佳变形 L_1 逼近,简称 R_0 为 f 在 $\mathbf{R}_m^n$ 中的最佳逼近.

§2 存在性定理

引理 1 对于任意的 $R \in \mathbf{R}_m^n$,则有

$$\int_0^1 |R(x)| dx \leqslant (n+1)\|R\|$$

证明 设 $R = P/Q \in \mathbf{R}_m^n$,因为 $P \in \mathbf{P}_n, Q > 0$,故 P/Q 在 $[0,1]$ 上至多有 n 个零点,设这些零点为 $x_1, x_2, \cdots, x_k, 0 \leqslant x_1 < x_2 < \cdots < x_k \leqslant 1 (0 \leqslant k \leqslant n)$,因而有

$$\int_0^1 |R(x)| dx = \int_0^{x_1} |R(x)| dx +$$
$$\sum_{i=1}^{k-1} \int_{x_i}^{x_{i+1}} |R(x)| dx +$$
$$\int_{x_k}^1 |R(x)| dx$$
$$\leqslant (k+1)\|R\| \leqslant (n+1)\|R\|$$

设 $R_k = P_k/Q_k \in \mathbf{R}_m^n (k = 1,2,3,\cdots)$,其中

$$P_k(x) = \sum_{i=0}^n a_i^{(k)} x^i, Q_k(x) = \sum_{i=0}^m a_{n+1+i}^{(k)} x^i$$

规定 $\|A^k\| = \max\{|a_i^{(k)}|, 0 \leqslant i \leqslant n\}$,不妨设 $\sum\limits_{i=0}^n |a_{n+1+i}^{(k)}| = 1$,则由文献[9]

中的引理2可知下面引理.

引理2 若$\{\|A^k\|\} \to \infty (k \to \infty)$,则存在一个非退化的闭区间$I$,使得当$k \to \infty$时,有
$$M_k = \inf\{|R_k(x)|: x \in I\} \to \infty$$

定理1 设$f \in C[0,1]$.

(i) 当$0 \leqslant m \leqslant 1$时,$f$在$\mathbf{R}_m^n$中至少存在一个最佳逼近.

(ii) 当$m > 1$时,f在$\mathbf{R}_m^n$中可以不存在最佳逼近.

证明 先证(i).设$d = \inf\limits_{R \in \mathbf{R}_m^n} \|f - R\|$,则存在$R_k = P_k/Q_k \in \mathbf{R}_m^n$, $k=1,2,3,\cdots$,使得当$k \to \infty$时,有$\|f - R_k\| \to d$,其中$P_k(x) = \sum\limits_{i=0}^n a_i^{(k)} x^i$, $Q_k(x) = \sum\limits_{i=0}^m a_{n+1+i}^{(k)} x^i$,不妨设

$$\sum_{i=0}^m |a_{n+1+i}^{(k)}| = 1, k = 1,2,3,\cdots \qquad ①$$

又设常数$L > 0$,使$\|f - R_k\| \leqslant L$对一切k都成立.因而根据范数的三角不等式可知
$$\|R_k\| \leqslant \|f - R_k\| + \|f\| \leqslant L + \|f\|$$

故由引理1可知
$$\int_0^1 |R_k(x)| \mathrm{d}x \leqslant (n+1)(L + \|f\|) \qquad ②$$

进一步由引理2可知$\{\|A^k\|\}$有界,从而可假定(必要时可转移到子序列)$\lim\limits_{k \to \infty} a_i^{(k)} = a_i$, $i = 0,1,2,\cdots,m+n+1$.记$P(x) = \sum\limits_{i=0}^n a_i x^i$, $Q(x) = \sum\limits_{i=0}^m a_{n+1+i} x^i$,则$P_k(x)$与$Q_k(x)$在$[0,1]$上分别一致收敛于$P(x)$与$Q(x)$.由①可知$\sum\limits_{i=0}^m |a_{n+1+i}| = 1$,故$Q(x)$在$[0,1]$上不恒等于零,且至多有$m \leqslant 1$个零点.进一步,如果$Q(x)$在$[0,1]$上有一个零点,则此零点只可能是0或1.事实上,若存在$x_0 \in (0,1)$,使得$Q(x_0)=0$,因为$Q_k > 0$,所以$Q \geqslant 0$,从而x_0至少是$Q(x)$的二重零点,这与Q至多是一个一次多项式矛盾.

定义$E = \{x \in [0,1]: Q(x) \neq 0\}$,则$P(x)/Q(x)$在$E$上有定义,且$P_k(x)/Q_k(x)$在$E$上处处收敛于$P(x)/Q(x)$,由法图(Fatou)定理([10], p.183)及②可知
$$\int_0^1 |P(x)/Q(x)| \mathrm{d}x \leqslant \varliminf_{k \to \infty} \int_0^1 |R_k(x)| \mathrm{d}x$$

$$\leqslant (n+1)(L+\|f\|) \qquad ③$$

所以 Q 在 $[0,1]$ 上的零点必为 P 的零点,这样可将 P 与 Q 的公因式约去,使得 Q 在 $[0,1]$ 上无零点,且 P 与 Q 不可约,用 R 表示 $\mathbf{R}_m^n$ 中如此得到的分式. 下面证明 R 是 f 在 $\mathbf{R}_m^n$ 中的最佳逼近.

事实上,对于任意的 $I=(a,b)\in X$,则 $(a,b)\subset E$,从而对于任意的 $\varepsilon>0$ 有 $f(x)-R_k(x)$ 在 $[a+\varepsilon,b-\varepsilon]$ 上一致收敛于 $f(x)-R(x)$,故

$$\left|\int_{a+\varepsilon}^{b-\varepsilon}[f(x)-R(x)]\mathrm{d}x\right|=\lim_{k\to\infty}\left|\int_{a+\varepsilon}^{b-\varepsilon}[f(x)-R_k(x)]\mathrm{d}x\right|\leqslant d$$

令 $\varepsilon\to 0$,可得 $\left|\int_a^b[f(x)-R(x)]\mathrm{d}x\right|\leqslant d$,即 $\|f-R\|\leqslant d$. 至此,(i) 证毕.

对于(ii),可举如下反例,此反例由史应光提供.

设 $f\in C[0,1]$,在每一个区间 $\left(\dfrac{i}{4},\dfrac{i+1}{4}\right)(i=0,1,2,3)$ 上是线性函数,且满足 $f(0)=f(1)=-\dfrac{1}{2}$, $f\left(\dfrac{1}{2}\right)=\dfrac{1}{2}$, $f\left(\dfrac{1}{4}\right)=f\left(\dfrac{3}{4}\right)=0$,如图 1 所示.

一方面,对于任意的 $R(x)=\dfrac{D}{Ax^2+Bx+C}\in \mathbf{R}_2^0$,其中 A,B,C,D 为常数, $Ax^2+Bx+C>0, \forall x\in[0,1]$,则显然 $R(x)$ 在 $[0,1]$ 上不变号,从而 $\|f-R\|>\dfrac{1}{16}$,故 $\inf\limits_{R\in \mathbf{R}_2^0}\|f-R\|\geqslant\dfrac{1}{16}$.

另一方面,取 $R_k(x)=\dfrac{k}{16\arctan k[k^2(2x-1)^2+1]}, k=1,2,\cdots$. 易见 R_k 在 $[0,1]/\left\{\dfrac{1}{2}\right\}$ 上处处收敛于 $\mathbf{R}_2^0$ 中的元 $R^*=0$,可以证明 $\|f-R_k\|\to\dfrac{1}{16}(k\to\infty)$.

从以上两方面可知 f 在 $\mathbf{R}_2^0$ 中不存在最佳逼近,(ii) 至此证完.

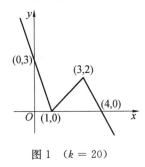

图 1 ($k=20$)

§3 特征定理

引理 3 设 $R^* = \dfrac{P^*}{Q^*} \in \mathbf{R}_m^n$，令 ∂P 表示多项式 P 的次数，则对于任意一个次数不超过 $k = \max\{m+\partial P^*, n+\partial Q^*\}$ 的多项式 $\varphi(x)$，一定存在两个次数分别不超过 n 和 m 的多项式 $P_1(x)$ 和 $Q_1(x)$，使得 $\varphi(x) = P^*(x)Q_1(x) - P_1(x)Q^*(x)$。

证明 因为 $P^*(x)$ 与 $Q^*(x)$ 互质，根据多项式的可除性理论可知，存在多项式 $u(x)$ 与 $v(x)$，使得
$$P^*(x)u(x) + Q^*(x)v(x) = 1$$
两边同乘以 $\varphi(x)$ 得
$$P^*(x)u(x)\varphi(x) + Q^*(x)v(x)\varphi(x) = \varphi(x) \qquad ④$$
今作带余除法
$$u(x)\varphi(x) = Q^*(x)q_1(x) + r_1(x) \qquad ⑤$$
$$v(x)\varphi(x) = P^*(x)q_2(x) + r_2(x) \qquad ⑥$$
其中 $0 \leqslant \partial r_1 < \partial Q^*$，$0 \leqslant \partial r_1 < \partial P^*$。将式 ⑤ 与 ⑥ 同时代入式 ④ 得
$$P^*(x)Q^*(x)[q_1(x) + q_2(x)] + P^*(x)r_1(x) + Q^*(x)r_2(x) = \varphi(x) \qquad ⑦$$

若 $q_1(x) + q_2(x) = 0$，则可令 $Q_1(x) = r_1(x)$，$P_1(x) = -r_2(x)$。

若 $q_1(x) + q_2(x) \neq 0$，则易见式 ⑦ 左边第二项和第三项的次数都小于式 ⑦ 右边第一项的次数，故得
$$\partial P^* + \partial Q^* + \partial(q_1 + q_2) = \partial \varphi \leqslant \max\{m+\partial P^*, n+\partial Q^*\}$$

(i) 若 $m + \partial P^* \geqslant n + \partial Q^*$，则 $\partial Q^* + \partial(q_1+q_2) \leqslant m$，此时可令 $Q_1(x) = Q^*(x)[q_1(x)+q_2(x)] + r_1(x)$，$P_1(x) = -r_2(x)$。

(ii) 若 $m + \partial P^* < n + \partial Q^*$，则 $\partial P^* + \partial(q_1+q_2) \leqslant n$，此时可令 $Q_1(x) = r_1(x)$，$P_1(x) = -\{P^*(x)[q_1(x)+q_2(x)] + r_2(x)\}$。

总之，一定存在次数分别不超过 n 和 m 的多项式 $P_1(x)$ 和 $Q_1(x)$，使得 $\varphi(x) = P^*(x)Q_1(x) - P_1(x)Q^*(x)$。

在证明特征定理之前，先引入如下定义，这些定义由史应光给出。

定义 2 设 $f \neq 0$，若 $I \in X$，满足：

(i) $I \in X_f$。

(ii) 不存在 $J \subset I$，使得 $f(J) = -f(I)$。

则称 I 为 f 的一个定区间。用 X_f^* 表示 f 的所有定区间所成的集合。

定义 3 设 $f \neq 0$，若 $I \in X$，满足：

(i) $I \in X_f^*$.

(ii) 不存在 $J \subset I$ 且 $J \neq I$，使 $J \in X_f^*$.

则称 I 为 f 的一个最小定区间，用 X_f^m 表示 f 的所有最小定区间所成的集合.

定义 4 若 $\{g_1, g_2, \cdots, g_n\} \subset C[0,1]$ 满足 $\det |g_j(I_i)|_{i,j=1}^n \neq 0$，其中 $\{I_i\}_{i=1}^n \subset X$ 且满足 $I_1 < I_2 < \cdots < I_n$，则称 $\{g_1, g_2, \cdots, g_n\}$ 为 $[0,1]$ 的一个拟切比雪夫组，称 $\mathrm{span}\{g_1, \cdots, g_n\}$ 为 $C[0,1]$ 的一个拟切比雪夫子空间.

注 记号 $I_i < I_{i+1}$ 表示 $x < y, \forall x \in I_i, \forall y \in I_{i+1}$.

定理 2(特征定理) 设 $f \in C[0,1] \backslash \mathbf{R}_m^n, R^* = P^*/Q^* \in \mathbf{R}_m^n, r = f - R^*$，$s(I) = \mathrm{sgn}\, r(I), k = \max\{m + \partial P^*, n + \partial Q^*\}$，则下列诸命题等价：

(i) R^* 为 f 在 $\mathbf{R}_m^n$ 中的最佳逼近.

(ii) 至少存在 $N = 2 + k$ 个互不相交的开区间 $I_1 < I_2 < \cdots < I_N$ 满足
$$(-1)^i \sigma (f - R^*)(I_i) = \|f - R^*\| \quad (i = 1, 2, \cdots, N)$$
其中 $\sigma = 1$ 或 -1.

(iii) 在 $\mathrm{span}\{1, x, \cdots, x^k\}$ 中找不到非零元 $\varphi(x)$，使得
$$s(I) \int_I \left[\frac{\varphi(x)}{Q^{*2}(x)}\right] dx > 0 \quad (\forall I \in X_r)$$

(iv) $k+1$ 维空间的原点位于集合 $\{s(I)\hat{I}, I \in X_r\}$ 的凸包中，这里
$$\hat{I} = \left[\int_I \frac{dx}{Q^{*2}(x)}, \int_I \frac{x\, dx}{Q^{*2}(x)}, \cdots, \int_I \frac{x^k dx}{Q^{*2}(x)}\right]$$

证明 (i)$\Rightarrow$(ii).

假定结论不对，即存在一个次数不超过 k 的多项式 $\varphi(x)$，使得
$$s(I) \int_I \left[\frac{\varphi(x)}{Q^{*2}(x)}\right] dx > 0 \quad (\forall I \in X_r) \qquad ⑧$$

因为 $\partial \varphi \leqslant k = \max\{m + \partial P^*, n + \partial Q^*\}$，故由引理 1 可知，一定存在两个次数分别不超过 n 和 m 的多项式 $P_1(x)$ 和 $Q_1(x)$，使得 $\varphi(x) = P^*(x)Q_1(x) - P_1(x)Q^*(x)$.

今考虑有理函数 $R_\varepsilon(x) = [P^*(x) - \varepsilon P_1(x)]/[Q^*(x) - \varepsilon Q_1(x)]$，其中 ε 为充分小的参数，易见 $R_\varepsilon(x) \in \mathbf{R}_m^n$，且有
$$R^*(x) - R_\varepsilon(x) = -\varepsilon \varphi(x)/[Q^*(x)(Q^*(x) - \varepsilon Q_1(x))] \qquad ⑨$$

下面证明，适当选取 ε，可使 $\|f - R_\varepsilon\| < \|f - R\|$.

令
$$F(I, \varepsilon) = \int_I \{\varphi(x)/[Q^*(x)(Q^*(x) - \varepsilon Q_1(x))]\} dx$$
$$F(I) = \int_I [\varphi(x)/Q^*(x)] dx$$

易见 $F(I, \varepsilon)$ 为 I, ε 在 $X \times [-\varepsilon_0, \varepsilon_0]$ 上的连续函数(其中 $\varepsilon_0 > 0$ 适当小)，且有

$$\lim_{\substack{\varepsilon \to 0 \\ I' \to I}} F(I', \varepsilon) = F(I) \qquad \text{⑩}$$

首先设 $I \in X_r$，由 ⑧ 及 ⑩ 可知，存在 I 的某个邻域 $\triangle_I$ 及正数 ε_I，使得对于任意 $I' \in \triangle_I$ 及 $0 < \varepsilon < \varepsilon_I$，有 $0 < \varepsilon s(I') F(I', \varepsilon) < \|r\|$ 且 $f(I') - R^*(I')$ 与 $f(I') - R_\varepsilon(I')$ 具有相同的符号，从而由 ⑨ 可知

$$|f(I') - R_\varepsilon(I')| = s(I')[f(I') - R^*(I')] + s(I')[R^*(I') - R_\varepsilon(I')]$$
$$\leqslant \|r\| - \varepsilon s(I') F(I', \varepsilon)$$
$$< \|r\|$$

其次设 $I \notin X_r$，则 $|f(I) - R^*(I)| < \|r\|$，故存在 I 的一个邻域 $\triangle_I$ 及正数 ε_I，使得当 $I' \in \triangle_I$，$0 < \varepsilon < \varepsilon_I$ 时有

$$|f(I') - R_\varepsilon(I')| \leqslant |f(I') - R^*(I')| + |R^*(I') - R_\varepsilon(I')|$$
$$< \|r\|$$

因 $\bigcup_{I \in X} \triangle_I \supset X$，且 X 为一紧集，据有限覆盖定理可知，存在有限个开集 $\triangle_I, \cdots, \triangle_J$ 覆盖 X，取对应的正数 $\varepsilon_I, \cdots, \varepsilon_J$ 中的最小者记为 ε_1，取 $\varepsilon = \min\{\varepsilon_0, \varepsilon_1\}$，则对此 ε 及所有 $I \in X$，恒有 $|f(I) - R_\varepsilon(I)| < \|r\|$. 故 $\|f - R_\varepsilon\| < \|r\|$，这个矛盾就证明了 (i)⇒(iii).

(iii)⇒(ii).

对于 $R^*(x)$，设误差函数 $r(x) = f(x) = R^*(x)$ 的最小定区间集为 $X_r^m = \{I_1, I_2, \cdots, I_L\}$，其中 $I_1 < I_2 < \cdots < I_L$. 可以证明 $r(I_{i+1}) = -r(I_i)$，$i = 1, 2, \cdots, L-1$. 先证 $r(I_1) = -r(I_2)$.

事实上，记 $I_1 = (c_1, d_1)$，$I_2 = (c_2, d_2)$，$K = (d_1, c_2)$. 不妨设 $r(I_1) > 0$，如果 $r(I_1) = r(I_2)$，那么 $r(K) = r(I_1 \bigcup K \bigcup I_2) - r(I_1) - r(I_2) \leqslant -r(I_1)$，而 $r(I) \geqslant -r(I_1)$，故 $r(K) = -r(I_1)$，这样必存在 $J \subset K$ 使得 $J \in X_r^m$，这是不可能的，故 $r(I_1) = -r(I_2)$. 同理可证 $r(I_{i+1}) = -r(I_i)$，$i = 2, 3, \cdots, L-1$.

假定 (ii) 不成立，即 $L \leqslant N-1$，易见 $\text{span}\left\{\dfrac{1}{Q^{*2}(x)}, \dfrac{x}{Q^{*2}(x)}, \cdots, \dfrac{x^{L-1}}{Q^{*2}(x)}\right\}$ 为 $C[0,1]$ 中的哈尔(Haar) 子空间，更是 $C[0,1]$ 中的拟切比雪夫子空间，且为 L 维的，则存在一个次数不超过 $L-1 \leqslant (N-1)-1 = k$ 的多项式 $\varphi(x)$，使得

$$s(I) \int_I [\varphi(x)/Q^{*2}(x)] \mathrm{d}x > 0, \forall I \in X_r$$

这与已知条件矛盾，这个矛盾就证明了 (iii)⇒(ii).

(ii)⇒(i).

假定结论不对，则存在 $R \in \mathbf{R}_m^n$，使 $\|f - R\| < \|f - R^*\|$，则

$$|f(I_i) - R(I_i)| < (-1)^i \sigma(f - R^*)(I_i)$$

从而
$$\operatorname{sgn}[R^*(I_i)-R(I_i)]=-\operatorname{sgn}[R^*(I_{i+1})-R(I_{i+1})]$$
即
$$\operatorname{sgn}[R^*(I_i)-R(I_i)]=(-1)^{i+1}\operatorname{sgn}[R^*(I_1)-R(I_1)]$$
$$(i=1,2,\cdots,N)$$

故存在 $x_i \in I_i$,使得
$$\operatorname{sgn}[R^*(x_i)-R(x_i)]=(-1)^{i+1}\operatorname{sgn}[R^*(I_1)-R(I_1)]$$
$$(i=1,2,\cdots,n)$$

从而 $R^*(x)-R(x)$ 在 $[0,1]$ 中至少有 $N-1$ 个零点,而据文献[4],207 页引理可知 $R^*(x)-R(x)$ 至多有 $N-2$ 个零点,这个矛盾就证明了(ii)$\Rightarrow$(i).

由线性不等式定理(文献[4],24 页)可知(iii)$\Leftrightarrow$(iv).至此定理全部证完.

§4 唯一性定理及其他定理

定理 3 (de La Vallèe Poussin 定理)设 $f \in C[0,1]$, $R^*=P^*/Q^* \in \mathbf{R}_m^n$ 满足
$$(-1)^i a[f(I_i)-R^*(I_i)] \geqslant 0 \quad (i=1,2,\cdots,N)$$
其中 $\{I_i\}_{i=1}^N \subset X$ 且 $I_1<I_2<\cdots<I_N$, $a=1$ 或 -1, $N \geqslant 2+\max\{m+\partial P^*, n+\partial Q^*\}$,则
$$\inf_{R \in \mathbf{R}_m^n} \|f-R\| \geqslant \min_{1 \leqslant i \leqslant N} |f(I_i)-R^*(I_i)|$$

证明从略.

定理 4 (唯一性定理)对于给定的 $f \in C[0,1]$,则 f 在 $\mathbf{R}_m^n$ 中的最佳逼近至多只有一个.

证明从略.

在证明强唯一性定理及连续性定理之前,我们先证明如下引理.

引理 4 设 $R^*=P^*/Q^* \in \mathbf{R}_m^n$ 为 $f \in C[0,1]$ 的最佳逼近,如果序列 $R_i=P_i/Q_i \in \mathbf{R}_m^n$ 满足条件 $\|R_i-f\| \to \|R^*-f\|$,那么必存在 $P \in \mathbf{P}_n$, $Q \in \mathbf{P}_m$,使得 $P_i \to P$, $Q_i \to Q$(必要时可转移到子序列)且有 $P=R^* Q$.

证明 因 $\|R_i-f\| \to \|R^*-f\|$,故由存在性定理的证明可知,存在 $P \in \mathbf{P}_n, Q \in \mathbf{P}_m$,使得 $P_i \to P, Q_i \to Q$.(必要时可转移到子序列)且 Q 在 $[0,1]$ 上至多有 m 个零点(计算重数),记这些零点为 $x_1, x_2, \cdots, x_s, (0 \leqslant s \leqslant m, s=0$ 表示无零点),这些零点也一定是 P 的零点.令 $Q=\tilde{Q} q, P=\tilde{P} q$,其中 $\tilde{Q}>0, q$ 是一个 s 次多项式,其零点为 $x_1, x_2, \cdots, x_s$.因为 $Q(x) \geqslant 0, \forall x \in [0,1]$,所以 $q(x) \geqslant 0, \forall x \in [0,1]$.

设 $r=f-R^*$,$S(I)=\operatorname{sgn} r(I)$,则对于任意的 $I\in X_r$,有
$$\|f-R_i\|-\|f-R^*\|\geqslant S(I)[f(I)-R_i(I)]-$$
$$S(I)[f(I)-R^*(I)]$$
$$=S(I)[R^*(I)-R_i(I)] \qquad ⑩$$

因为 R^* 为 $f\in C[0,1]$ 的最佳逼近,根据特征定理 2 可知,至少存在 $N=2+\max\{m+\partial P^*,n+\partial Q^*\}$ 个互不相交的开区间 $I_1<I_2<\cdots<I_N$,满足 $I_j\in X_r$,$S(I_j)=(-1)^j\sigma$,$j=1,2,\cdots,N$. 这里 $\sigma=1$ 或 -1.

下面说明从上述 N 个开区间中至多去掉 s 个开区间,使得在剩下的区间中至少能找到 $N-s$ 个区间满足条件:(i) $I_1^*<I_2^*<\cdots<I_{N-s}^*$;(ii) $S(I_j^*)=(-1)^{j-1}S(I_1^*)$,$j=1,2,\cdots,N-s$;(iii) $Q(x)$ 在 $\bigcup_{j=1}^{N-s}\overline{I_j^*}$ 上无零点,这里 $\overline{I_j^*}$ 表示开区间 I_j^* 的闭包.

事实上,若 $x_i=0$ 或 1,则去掉 I_1 或 I_N. 若 $0<x_i<1$,则 x_i 必为 Q 的 $2k$(k 为自然数)重零点,因为 x_i 至多属于某两个相邻闭区间的并,所以至多去掉两个这样的区间,故满足上述条件(i)(ii)(iii) 的 $N-s$ 个区间是一定能找到的.

由条件(iii) 可知,Q 在 $\overline{I_j^*}$ 上无零点,在式 ⑩ 中令 $I=I_j^*$,将(ii)代入并两边取极限得到
$$(-1)^j\sigma_2\int_{I_j^*}[R^*(x)-P(x)/Q(x)]\mathrm{d}x\leqslant 0$$
$$(j=1,2,\cdots,N-s)$$

其中 $\sigma_2=1$ 或 -1. 进一步由积分学中值定理可知,存在 $\xi_j\in I_j^*$,使得
$$(-1)^j\sigma_2[P^*(\xi_j)Q(\xi_j)-P(\xi_j)Q^*(\xi_j)]\leqslant 0$$

因为 $P(\xi_j)=\widetilde{P}(\xi_j)q(\xi_j)$,$Q(\xi_j)=\widetilde{Q}(\xi_j)q(\xi_j)$,且 $q(\xi_j)>0$,故
$$(-1)^j\sigma_2[P^*(\xi_j)\widetilde{Q}(\xi_j)-\widetilde{P}(\xi_j)Q^*(\xi_j)]\leqslant 0$$
$$(j=1,2,\cdots,N-s)$$

易见 $P^*\widetilde{Q}-\widetilde{P}Q^*$ 至多为一个 $N-2-s$ 次多项式,从而由文献[8],478 页引理 3 可知 $P^*\widetilde{Q}=\widetilde{P}Q^*$,即 $P=R^*Q$. 引理 4 证毕.

定理 5(强唯一性定理) 设 $R^*=P^*/Q^*\in \mathbf{R}_m^n$ 为 $f\in C[0,1]$ 的最佳逼近,且满足 $(n-\partial P^*)\cdot(m-\partial Q^*)=0$,则存在一个常数 $\alpha>0$,使得对所有的 $R\in \mathbf{R}_m^n$,有
$$\|f-R\|\geqslant\|f-R^*\|+\alpha\|R-R^*\|$$

证明 这个定理在 $f\in \mathbf{R}_m^n$ 的情形下是平凡的,因此假定 $f\notin \mathbf{R}_m^n$,对于 $R\in \mathbf{R}_m^n$ 和 $R\neq R^*$,定义
$$\alpha(R)=(\|f-R\|-\|f-R^*\|)/\|R-R^*\|$$

以下证明 $\alpha(R)$ 有正的下界,假定其相反的情形,即能找到一个序列 $R_i=$

$\dfrac{P_i}{Q_i} \in \mathbf{R}_m^n \setminus \{R^*\}$，使得 $\alpha(R_i) \to 0 (i \to \infty)$. 易见 $\|R_i - R^*\|$ 和 $\|R_i\|$ 均保持有界，故 $\|f - R_i\| \to \|f - R^*\| (i \to \infty)$，从而由引理 4 可知，存在 $P \in \mathbf{P}_n$，$Q \in \mathbf{P}_m$，使得 $P_i \to P, Q_i \to Q$（必要时可转移到子序列），且 $P = R^* Q$，利用条件 $(n - \partial P^*)(m - \partial Q^*) = 0$ 仿文献[4]，211 页引理 2 可证 $P = P^*, Q = Q^*$.

我们指出
$$\max_{I \in X_r} S(I) \int_I \frac{\varphi(x)}{Q^{*2}(x)} \mathrm{d}x > 0, \forall \varphi \in \mathbf{P}_{m+n} \setminus \{0\} \quad \text{⑪}$$

其中 $r = f - R^*$，$S(I) = \operatorname{sgn} r(I)$.

事实上，若 ⑪ 不成立，则存在 $\varphi_0 \in \mathbf{P}_{m+n} \setminus \{0\}$，使得
$$\max_{I \in X_r} S(I) \int_I \frac{\varphi(x)}{Q^{*2}(x)} \mathrm{d}x \leqslant 0$$

即 $S(I) \int_I \dfrac{\varphi(x)}{Q^{*2}(x)} \mathrm{d}x \leqslant 0, \forall I \in X_r$. 根据特征定理 2 可知，至少存在 $N = 2 + m + n$ 个互不相交的开区间 $I_1 < I_2 < \cdots < I_N$ 满足 $I_i \in X_r$ 且 $S(I_i) = (-1)^i \sigma$，$i = 1, 2, \cdots, N$. 其中 $\sigma = 1$ 或 -1. 故存在 $x_i \in I_i$，使得 $(-1)^i \sigma \varphi_0(x_i) \leqslant 0, i = 1, 2, \cdots, N$，从而由文献[8]，478 页引理 3 可知 $\varphi_0(x) \equiv 0$，这表明 ⑪ 成立.

今定义
$$c = \inf_{\left\|\frac{\varphi}{Q^{*2}}\right\| = 1} \max_{I \in X_r} S(I) \int_I \frac{\varphi(x)}{Q^{*2}(x)} \mathrm{d}x \quad \text{⑫}$$

易见 $c > 0$，因为 $Q_i \to Q^* (i \to \infty)$，故存在 i_0，使得当 $i > i_0$ 时，有
$$\max_{I \in X_r} S(I) \int_I \frac{\varphi(x)}{Q^{*2}(x) Q_i(x)} \mathrm{d}x > 0, \forall \varphi \in \mathbf{P}_{m+n} \setminus \{0\}$$

进一步定义
$$c_i = \inf_{\left\|\frac{\varphi}{Q^* Q_i}\right\| = 1} \max_{I \in X_r} S(I) \int_I \frac{\varphi(x)}{Q^*(x) Q_i(x)} \mathrm{d}x \quad \text{⑬}$$

则 $c_i > 0 (i > i_0)$，由 $\alpha(R)$ 的定义可知，存在 $I \in X_r$，使得当 $i > i_0$ 时，有
$$\alpha(R_i) \|R_i - R^*\| \geqslant R(I)[R^*(I) - R_i(I)]$$
$$= S(I) \int_I \frac{P^*(x) Q_i(x) - P_i(x) Q^*(x)}{Q_i(x) Q^*(x)} \mathrm{d}x$$
$$\geqslant c_i \|R_i - R^*\|$$

因为 $R_i \neq R^*$，所以 $\alpha(R_i) \geqslant c_i$. 设 $\overline{\lim\limits_{i \to \infty}} c_i = c^*$，由假定 $\alpha(R_i) \to 0 (i \to \infty)$ 可得到 $c^* \leqslant 0$，下证 $c^* > 0$，从而导致矛盾.

事实上，由 ⑬ 可知，当 $i > i_0$ 时，存在 $\varphi_{ij} \in \mathbf{P}_k \setminus \{0\}$，使得
$$\max_{I \in X_r} S(I) \int_I \frac{\varphi_{ij}(x)}{Q^*(x) Q_i(x)} \mathrm{d}x \leqslant c_i + \frac{1}{j}, j = 1, 2, \cdots$$

其中 $\left\|\dfrac{\varphi_{ij}}{Q^*Q_i}\right\|=1, j=1,2,\cdots$. 由存在性定理的证明可知 $\lim\limits_{j\to\infty}\varphi_{ij}(x)=\varphi_i(x)$(必要时可转移到子序列), 显然, 对于任意的 $I\in X_r$, 有

$$S(I)\int_I \frac{\varphi_{ij}(x)}{Q^*(x)Q_i(x)}\mathrm{d}x \leqslant c_i+\frac{1}{j}, j=1,2,\cdots$$

所以

$$c_i \geqslant S(I)\int_I \frac{\varphi_i(x)}{Q^*(x)Q_i(x)}\mathrm{d}x, \forall I\in X_r \qquad ⑭$$

其中 $\left\|\dfrac{\varphi_i}{Q^*Q_i}\right\|=1$, 因为 $\lim\limits_{i\to\infty}Q_i(x)=Q^*(x)$, 又由存在性定理的证明过程可知 $\lim\limits_{i\to\infty}\varphi_i(x)=\varphi^*(x)$(必要时可转移到子序列), 易见 $\left\|\dfrac{\varphi^*}{Q^{*2}}\right\|=1$, 从而由 ⑭ 可知, 对于任意的 $I\in X_r$, 有 $c^*\geqslant S(I)\int_I\dfrac{\varphi^*(x)}{Q^{*2}(x)}\mathrm{d}x$, 所以

$$c^* \geqslant \max_{I\in X_r} S(I)\int_I \frac{\varphi^*(x)}{Q^{*2}(x)}\mathrm{d}x \geqslant c > 0$$

定理 5 至此证毕.

对于任意的 $f\in C[0,1]$, 记 Bf 为 f 在 $\mathbf{R}_m^n$ 中的最佳逼近(如果存在的话).

定理 6(连续性定理) 设 $f_0\in C[0,1], R^*=\dfrac{P^*}{Q^*}=Bf_0$, 且满足 $(n-\partial P^*)(m-\partial Q^*)=0$, 则 Bf 对于在 f_0 的某个邻域中的所有的 f 都存在, 并且 B 在 f_0 处"连续": 有一个常数 $\beta>0$, 使得

$$\|Bf-Bf_0\| \leqslant \beta\|f-f_0\|$$

证明 因为 R^* 为 f_0 在 $\mathbf{R}_m^n$ 中的最佳逼近, 且满足 $(n-\partial P^*)\cdot(m-\partial Q^*)=0$, 所以由强唯一性定理可知, 存在常数 $\alpha>0$, 使得

$$\|f_0-R\| \geqslant \|f_0-R^*\|+\alpha\|R-R^*\|, \forall R\in \mathbf{R}_m^n$$

取 $\beta=2\alpha^{-1}$, 则一定能找到一个小正数 $\varepsilon_2>0$, 使得当 $f\in\left\{f\in C[0,1]:\|f-f_0\|<\dfrac{1}{2}\alpha\varepsilon_2\right\}$ 时, Bf 存在, 且满足 $\|Bf-Bf_0\|\leqslant \beta\|f-f_0\|$.

事实上, 对于 $R^*=\dfrac{P^*}{Q^*}$, 假定 $\|R^*\|+\|Q^*\|=1$, 显然 $2\varepsilon_1=\inf\limits_{0\leqslant x\leqslant 1}Q^*(x)$ 是正的, 则一定能找到 $\varepsilon_2>0$, 使得

$$\left.\begin{array}{l}\|P\|+\|Q\|=1 \\ R=\dfrac{P}{Q}\in \mathbf{R}_m^n \\ \|R-R^*\|<\varepsilon_2\end{array}\right\} \Rightarrow \max_{0\leqslant x\leqslant 1}|Q(x)-Q^*(x)|<\varepsilon_1$$

为了看出这是可能的,可假定其相反的情形,即存在序列 $R_k = \dfrac{P_k}{Q_k} \in \mathbf{R}_m^n$,使 $\|P_k\| + \|Q_k\| = 1$,$\|R_k - R^*\| \to 0$,而 $\max\limits_{0 \leqslant x \leqslant 1} |Q_k(x) - Q^*(x)| \geqslant \varepsilon_1$。由范数的三角不等式可知 $|\|f - R_k\| - \|f - R^*\|| \leqslant \|R_k - R^*\|$,故 $\|f - R_k\| \to \|f - R^*\|$。从而由引理 4 可知,必存在 $P \in \mathbf{P}_n, Q \in \mathbf{P}_m$,使得 $P_k \to P$, $Q_k \to Q$(必要时可转移到子序列),且有 $P = R^* Q$,利用条件 $(m - \partial Q^*)(n - \partial P^*) = 0$ 仿文献[4],211 页引理 2 可证 $P = P^*, Q = Q^*$,这与 $\max\limits_{0 \leqslant x \leqslant 1} |Q_k(x) - Q^*(x)| \geqslant \varepsilon_1$ 产生矛盾.

进一步,如果 $\|f - f_0\| < \dfrac{\partial \varepsilon_2}{2}$,那么 f 的最佳逼近 R(如果存在话)必须满足不等式

$$\begin{aligned} \alpha \|R - R^*\| &\leqslant \|f_0 - R\| - \|f_0 - R^*\| \\ &\leqslant \|f_0 - f\| + \|f - R\| - \|f_0 - R^*\| \\ &\leqslant \|f_0 - f\| + \|f - R^*\| - \|f_0 - R^*\| \\ &\leqslant \|f_0 - f\| + \|f - f_0\| \end{aligned}$$

即 $\|R - R^*\| < \varepsilon_2$,如果令 $\|P\| + \|Q\| = 1$ 来规范化 $R = \dfrac{P}{Q}$,那么将得出 $\max\limits_{0 \leqslant x \leqslant 1} |Q(x) - Q^*(x)| < \varepsilon_1$,因为 $Q^*(x) \geqslant 2\varepsilon_1$,所以 $Q(x) \geqslant \varepsilon_1$,故对 R 的寻求范围限制于

$$\left\{ \dfrac{P}{Q} : P \in \mathbf{P}_n, Q \in \mathbf{P}_m, \|P\| + \|Q\| = 1, Q(x) \geqslant \varepsilon_1, \forall x \in [0,1] \right\}$$

它是一个紧集,并且因此它必定包含对 f 的最佳逼近 Bf,且满足 $\|Bf - Bf_0\| \leqslant \beta \|f - f_0\|$. 证毕.

参考文献

[1] RICE J R. On the computation of L_1 approximation by exponentials. ractional and other functions[J]. Mathematical Tables and othes lids to Computation, 1964, 18: 390-396.

[2] RICE J R. On nonlinear L_1 approx[J]. Arch. Rational Mech. Anal., 1964, 17: 61-66.

[3] PINKUS A, SHISHA O. Variation on the Chebyshev and L^p-theories of best approx[J]. J. Approx. Theory, 1982, 35: 148-168.

[4] CHENEY E W. 逼近论导引[M]. 徐献瑜, 史应光, 李家楷等, 译. 上海: 上

海科学技术出版社,1981.

[5] DUNHAM C B. Best mean rational approx[J]. Computing. 1972,9:87-93.

[6] RICE J R. The approximation of functions, Vol, I[M]. Boston: Addison-Wesley, Reading, Mass. ,1964.

[7] DUNHAM C B. Nonlinear mean approx[J]. J. Approx. Theory,1974,11:134-142.

[8] 史应光. 联合最佳有理逼近[J]. 数学年刊,1980,1:477-484.

[9] DUNHAM C B. Existence of best mean ratinal approx[J]. J. Approx. Theory, 1971,4:269-273.

[10] 夏道行,吴卓人,严绍宗等. 实变函数论与泛函分析(上册)[M]. 北京:人民教育出版社,1978.

第十一届全国大学生数学竞赛决赛(附获奖名单)

附录

2021年4月17至18日,第十一届全国大学生数学竞赛决赛在武汉大学举行,共有来自全国31个赛区204所高校的604名学生参加.此次决赛分为数学类高年级组、数学类低年级组和非数学类三个组别进行,最终共产生一等奖120名、二等奖187名、三等奖241名.

全国大学生数学竞赛始于2009年,现已成为面向本科生的全国性最具影响的高水平学科竞赛之一,旨在加强基础学科教育,提升我国高等学校人才培养质量,促进高等学校数学课程建设并发掘数学创新人才.第十一届全国大学生数学竞赛分为初赛和决赛,初赛报名人数170 787人,参赛高校849所,初赛报名人数较上届提高23%,参赛高校增加8%,彰显出大学生数学竞赛与日俱增的影响力.

2020年1月23日,由于不可抗原因,经研究决定将第十一届全国大学生数学竞赛决赛延期.

原定2020年3月28日在武汉大学开展的第十一届全国大学生数学竞赛决赛推迟到2021年4月17日举行.同时,全国大学生数学竞赛工作组决定,所有获得第11届决赛资格的学生,无论毕业与否,均可报名参加.

4月17日上午8时30分至11时30分,参赛考生在武汉大学进行决赛考试.下午,在评卷、阅卷工作紧张进行的同时,武汉大学副校长李建成院士和数学与统计学院陈北化教授分别做了《大地测量学中的偏微分方程解》和《一类数学与物理中的反问题》的主题报告.当晚,经过严格的成绩复核及全国大学生数学竞赛工作组会议评定,本次决赛的获奖名单正式确定.

4月18日上午,颁奖典礼在武汉大学人文馆主厅举行.第十一届全国大学生数学竞赛组委会主任、武汉大学副校长周叶中教授,中国数学会数学竞赛委员会副主任、全国大学生数学竞赛工作组组长佘志坤教授,中国数学会常务理事、第十一届全国大学生数学竞赛组委会副主任赵会江教授,中国数学会常务理事、第十二届全国大学生数学竞赛组委会副主任李辉来教授等出席颁奖典礼.出席颁奖典礼的还有中国数学会代表、全国大学生数学竞赛工作组全体成员、31省赛区领队和全体参赛学生.

经全国大学生数学竞赛工作组评定,授予:

陕西省数学会、浙江省数学会、河南省数学会、山东数学会、北京数学会、重庆数学学会、湖北省数学学会7个省级学会"第十一届全国大学生数学竞赛优秀组织奖".

同济大学赵志鹏等45人获数学专业组(高年级)一等奖,北京大学梁圣通等75人获数学专业组(高年级)二等奖,广西师范大学范圣岗等73人获数学专业组(高年级)三等奖.

北京大学杨逸舟等17人获数学专业组(低年级)一等奖,复旦大学曹文景等26人获数学专业组(低年级)二等奖,河北师范大学刘德海等36人获数学专业组(低年级)三等奖.

西安交通大学于沛生等58人获非数学专业组一等奖,中南大学陈靖等86人获非数学专业组二等奖,吉林大学颜慈霖等132人获非数学专业组三等奖.

具体获奖情况见表1,表2,表3.

表1 第十一届全国大学生数学竞赛决赛(数学类高年级组)获奖名单

序号	赛区	考生所在学校	获奖等级	参赛类型	姓名
1	上海赛区	同济大学	一等奖	数学类高年级组	赵志鹏
2	北京赛区	北京大学	一等奖	数学类高年级组	王一涵
3	浙江赛区	浙江大学	一等奖	数学类高年级组	金一龙
4	北京赛区	北京大学	一等奖	数学类高年级组	王浩然
5	湖南赛区	湖南大学	一等奖	数学类高年级组	王　淞

续表1

序号	赛区	考生所在学校	获奖等级	参赛类型	姓名
6	陕西赛区	西安电子科技大学	一等奖	数学类高年级组	袁霆锋
7	安徽赛区	中国科学技术大学	一等奖	数学类高年级组	邬雄宇
8	北京赛区	北京大学	一等奖	数学类高年级组	苑之宇
9	江苏赛区	扬州大学	一等奖	数学类高年级组	黄逸敏
10	湖北赛区	武汉大学	一等奖	数学类高年级组	杨宇鹏
11	上海赛区	复旦大学	一等奖	数学类高年级组	陈宇杰
12	安徽赛区	中国科学技术大学	一等奖	数学类高年级组	姚一晨
13	湖北赛区	武汉大学	一等奖	数学类高年级组	尚镇冰
14	四川赛区	四川大学	一等奖	数学类高年级组	陈昌睿
15	天津赛区	天津大学	一等奖	数学类高年级组	武文治
16	广东赛区	广州大学	一等奖	数学类高年级组	张理钦
17	江苏赛区	东南大学	一等奖	数学类高年级组	张晨阳
18	北京赛区	清华大学	一等奖	数学类高年级组	郭浩
19	天津赛区	南开大学	一等奖	数学类高年级组	侣华祥

续表1

序号	赛区	考生所在学校	获奖等级	参赛类型	姓名
20	湖北赛区	武汉大学	一等奖	数学类高年级组	白杨
21	安徽赛区	安徽师范大学	一等奖	数学类高年级组	朱广瑞
22	广东赛区	中山大学	一等奖	数学类高年级组	廖嘉瑜
23	辽宁赛区	东北大学	一等奖	数学类高年级组	石祎
24	湖北赛区	华中科技大学	一等奖	数学类高年级组	舒洋
25	浙江赛区	浙江大学	一等奖	数学类高年级组	王尉
26	天津赛区	南开大学	一等奖	数学类高年级组	黄潜临
27	北京赛区	北京大学	一等奖	数学类高年级组	温刚
28	北京赛区	清华大学	一等奖	数学类高年级组	冯耀
29	北京赛区	北京航空航天大学	一等奖	数学类高年级组	黄文欢
30	湖北赛区	武汉大学	一等奖	数学类高年级组	郑旭
31	北京赛区	清华大学	一等奖	数学类高年级组	周宇轩
32	陕西赛区	西安交通大学	一等奖	数学类高年级组	韩恒锐
33	北京赛区	北京大学	一等奖	数学类高年级组	谢添雨

续表1

序号	赛区	考生所在学校	获奖等级	参赛类型	姓名
34	北京赛区	北京理工大学	一等奖	数学类高年级组	邓京阳
35	天津赛区	南开大学	一等奖	数学类高年级组	代梓灏
36	安徽赛区	中国科学技术大学	一等奖	数学类高年级组	张国宇
37	湖南赛区	湖南第一师范学院	一等奖	数学类高年级组	欧阳源
38	广东赛区	华南理工大学	一等奖	数学类高年级组	罗粤清
39	陕西赛区	西安交通大学	一等奖	数学类高年级组	潘翔宇
40	上海赛区	复旦大学	一等奖	数学类高年级组	吴洲同
41	新疆赛区	新疆大学	一等奖	数学类高年级组	刘晓霖
42	北京赛区	北京大学	一等奖	数学类高年级组	陈自元
43	北京赛区	北京大学	一等奖	数学类高年级组	罗月桐
44	北京赛区	北京大学	一等奖	数学类高年级组	郑子和
45	江苏赛区	南京理工大学	一等奖	数学类高年级组	詹国庆
46	北京赛区	北京大学	二等奖	数学类高年级组	梁圣通
47	浙江赛区	浙江大学	二等奖	数学类高年级组	杨泽宇

续表1

序号	赛区	考生所在学校	获奖等级	参赛类型	姓名
48	上海赛区	复旦大学	二等奖	数学类高年级组	古俊龙
49	浙江赛区	浙江大学	二等奖	数学类高年级组	黄克元
50	江苏赛区	南京大学	二等奖	数学类高年级组	戴阁洋
51	安徽赛区	中国科学技术大学	二等奖	数学类高年级组	周扬
52	黑龙江赛区	哈尔滨工业大学	二等奖	数学类高年级组	杨浏峦
53	上海赛区	复旦大学	二等奖	数学类高年级组	顾文颢
54	四川赛区	四川大学	二等奖	数学类高年级组	庞雷
55	陕西赛区	西北工业大学	二等奖	数学类高年级组	马骏
56	河南赛区	郑州大学	二等奖	数学类高年级组	阎明哲
57	北京赛区	北京大学	二等奖	数学类高年级组	刘润声
58	黑龙江赛区	哈尔滨工业大学	二等奖	数学类高年级组	陈天璐
59	四川赛区	四川大学	二等奖	数学类高年级组	黄翊轩
60	吉林赛区	吉林大学	二等奖	数学类高年级组	朱奕坤
61	广东赛区	南方科技大学	二等奖	数学类高年级组	雷昊晨

续表1

序号	赛区	考生所在学校	获奖等级	参赛类型	姓名
62	重庆赛区	西南大学	二等奖	数学类高年级组	唐康
63	浙江赛区	浙江大学	二等奖	数学类高年级组	张磊
64	陕西赛区	西安交通大学	二等奖	数学类高年级组	王辰扬
65	黑龙江赛区	哈尔滨工业大学	二等奖	数学类高年级组	李雨欣
66	江苏赛区	苏州大学	二等奖	数学类高年级组	黄宇辰
67	重庆赛区	重庆师范大学	二等奖	数学类高年级组	罗云鹏
68	四川赛区	西南交通大学	二等奖	数学类高年级组	汪立言
69	北京赛区	清华大学	二等奖	数学类高年级组	林思有
70	福建赛区	厦门大学	二等奖	数学类高年级组	刘徐锐
71	贵州赛区	贵州大学	二等奖	数学类高年级组	张衡
72	上海赛区	上海交通大学	二等奖	数学类高年级组	周顾
73	辽宁赛区	东北大学	二等奖	数学类高年级组	宋凯文
74	湖北赛区	华中科技大学	二等奖	数学类高年级组	马定
75	湖南赛区	中南大学	二等奖	数学类高年级组	陈建国

续表1

序号	赛区	考生所在学校	获奖等级	参赛类型	姓名
76	山东赛区	山东大学	二等奖	数学类高年级组	王琳
77	山西赛区	山西大同大学	二等奖	数学类高年级组	孙天祥
78	四川赛区	四川大学	二等奖	数学类高年级组	文力
79	湖北赛区	武汉大学	二等奖	数学类高年级组	高敏
80	江苏赛区	南京大学	二等奖	数学类高年级组	王奕洲
81	江苏赛区	南京大学	二等奖	数学类高年级组	沈舒颖
82	上海赛区	上海理工大学	二等奖	数学类高年级组	刘辉
83	黑龙江赛区	哈尔滨工业大学	二等奖	数学类高年级组	江林铮
84	江西赛区	江西科技师范大学理工学院	二等奖	数学类高年级组	占秀丽
85	四川赛区	四川师范大学	二等奖	数学类高年级组	熊治丞
86	北京赛区	北京师范大学	二等奖	数学类高年级组	刘思墨
87	上海赛区	复旦大学	二等奖	数学类高年级组	李哲蔚
88	四川赛区	电子科技大学	二等奖	数学类高年级组	漆宇豪
89	辽宁赛区	大连理工大学	二等奖	数学类高年级组	傅腾

附录 第十一届全国大学生数学竞赛决赛(附获奖名单)

续表1

序号	赛区	考生所在学校	获奖等级	参赛类型	姓名
90	甘肃赛区	兰州大学	二等奖	数学类高年级组	毕铖
91	山西赛区	太原理工大学	二等奖	数学类高年级组	吕源玖
92	安徽赛区	中国科学技术大学	二等奖	数学类高年级组	陈恒宇
93	北京赛区	北京航空航天大学	二等奖	数学类高年级组	李佳磊
94	四川赛区	西南财经大学	二等奖	数学类高年级组	刘果
95	上海赛区	华东师范大学	二等奖	数学类高年级组	王求同
96	安徽赛区	中国科学技术大学	二等奖	数学类高年级组	闫顺兴
97	广东赛区	华南理工大学	二等奖	数学类高年级组	张伟豪
98	天津赛区	南开大学	二等奖	数学类高年级组	朱能杰
99	广东赛区	南方科技大学	二等奖	数学类高年级组	李延一
100	北京赛区	北京大学	二等奖	数学类高年级组	俞志远
101	黑龙江赛区	哈尔滨工业大学	二等奖	数学类高年级组	何会萱
102	山西赛区	太原理工大学	二等奖	数学类高年级组	方鸿儒
103	河南赛区	郑州大学	二等奖	数学类高年级组	柳忠燕

续表1

序号	赛区	考生所在学校	获奖等级	参赛类型	姓名
104	山东赛区	山东大学	二等奖	数学类高年级组	徐硕勋
105	河北赛区	河北师范大学	二等奖	数学类高年级组	曾奕霖
106	西藏赛区	西藏大学	二等奖	数学类高年级组	常云鹏
107	河北赛区	东北大学秦皇岛分校	二等奖	数学类高年级组	赵维可
108	新疆赛区	石河子大学	二等奖	数学类高年级组	刘帅
109	山东赛区	山东大学	二等奖	数学类高年级组	单旭
110	福建赛区	华侨大学	二等奖	数学类高年级组	王梦收
111	安徽赛区	中国科学技术大学	二等奖	数学类高年级组	戎明远
112	浙江赛区	浙江师范大学	二等奖	数学类高年级组	张一剑
113	江苏赛区	南京大学	二等奖	数学类高年级组	熊志尧
114	天津赛区	南开大学	二等奖	数学类高年级组	郑力
115	广西赛区	广西师范大学	二等奖	数学类高年级组	吴剑侠
116	广东赛区	肇庆学院	二等奖	数学类高年级组	赖威宁
117	天津赛区	南开大学	二等奖	数学类高年级组	范杰

续表1

序号	赛区	考生所在学校	获奖等级	参赛类型	姓名
118	贵州赛区	贵州大学	二等奖	数学类高年级组	张贤
119	湖北赛区	华中师范大学	二等奖	数学类高年级组	王卓晨
120	江西赛区	南昌航空大学	二等奖	数学类高年级组	李建兴
121	广西赛区	广西师范大学	三等奖	数学类高年级组	范圣岗
122	辽宁赛区	大连理工大学	三等奖	数学类高年级组	赵冠岚
123	四川赛区	四川大学	三等奖	数学类高年级组	周莘洋
124	重庆赛区	重庆师范大学	三等奖	数学类高年级组	杨耀松
125	浙江赛区	浙江大学	三等奖	数学类高年级组	吴家豪
126	河南赛区	河南大学	三等奖	数学类高年级组	彭义超
127	陕西赛区	陕西师范大学	三等奖	数学类高年级组	匡超
128	福建赛区	福建师范大学	三等奖	数学类高年级组	毕仁伟
129	山西赛区	太原理工大学	三等奖	数学类高年级组	黄添琪
130	黑龙江赛区	哈尔滨工业大学	三等奖	数学类高年级组	李中一
131	浙江赛区	浙江理工大学	三等奖	数学类高年级组	俞晨云

续表1

序号	赛区	考生所在学校	获奖等级	参赛类型	姓名
132	河北赛区	东北大学秦皇岛分校	三等奖	数学类高年级组	温飞飞
133	江苏赛区	苏州大学	三等奖	数学类高年级组	罗燚
134	湖北赛区	武汉大学	三等奖	数学类高年级组	李拓新
135	湖北赛区	武汉理工大学	三等奖	数学类高年级组	徐展
136	浙江赛区	湖州师范学院	三等奖	数学类高年级组	陈伊
137	福建赛区	福建师范大学	三等奖	数学类高年级组	李保平
138	湖北赛区	中国地质大学（武汉）	三等奖	数学类高年级组	文力汉
139	广东赛区	中山大学	三等奖	数学类高年级组	陈东恒
140	浙江赛区	丽水学院	三等奖	数学类高年级组	李婷婷
141	湖南赛区	湖南大学	三等奖	数学类高年级组	魏征
142	贵州赛区	贵州大学	三等奖	数学类高年级组	梅钰莎
143	山东赛区	山东师范大学	三等奖	数学类高年级组	韦磊
144	黑龙江赛区	哈尔滨理工大学	三等奖	数学类高年级组	刘梦
145	陕西赛区	西北大学	三等奖	数学类高年级组	潘恩

附录　第十一届全国大学生数学竞赛决赛(附获奖名单)

续表1

序号	赛区	考生所在学校	获奖等级	参赛类型	姓名
146	陕西赛区	西北工业大学	三等奖	数学类高年级组	顾子康
147	贵州赛区	黔南民族师范学院	三等奖	数学类高年级组	李鑫
148	吉林赛区	吉林大学	三等奖	数学类高年级组	冯雨晨
149	新疆赛区	新疆大学	三等奖	数学类高年级组	杨晓东
150	山东赛区	山东大学	三等奖	数学类高年级组	刘浩
151	陕西赛区	陕西师范大学	三等奖	数学类高年级组	侯晓攀
152	上海赛区	复旦大学	三等奖	数学类高年级组	蒋安
153	贵州赛区	贵州大学	三等奖	数学类高年级组	周建国
154	安徽赛区	阜阳师范大学	三等奖	数学类高年级组	朱成龙
155	河南赛区	河南师范大学	三等奖	数学类高年级组	朱文丽
156	湖南赛区	湘潭大学	三等奖	数学类高年级组	关志金
157	广西赛区	玉林师范学院	三等奖	数学类高年级组	赖婷
158	陕西赛区	西安电子科技大学	三等奖	数学类高年级组	顾凌志
159	甘肃赛区	兰州大学	三等奖	数学类高年级组	蒙延尊

续表1

序号	赛区	考生所在学校	获奖等级	参赛类型	姓名
160	山东赛区	山东大学	三等奖	数学类高年级组	尤祖洪
161	天津赛区	南开大学	三等奖	数学类高年级组	申舒玮
162	湖北赛区	中国地质大学（武汉）	三等奖	数学类高年级组	宋腾
163	四川赛区	西南交通大学	三等奖	数学类高年级组	苗浩冉
164	辽宁赛区	大连理工大学	三等奖	数学类高年级组	邓一鸣
165	河南赛区	信息工程大学	三等奖	数学类高年级组	李文捷
166	云南赛区	云南大学	三等奖	数学类高年级组	王成钺
167	河北赛区	河北师范大学	三等奖	数学类高年级组	李虹
168	山东赛区	曲阜师范大学	三等奖	数学类高年级组	李西萃
169	四川赛区	四川大学	三等奖	数学类高年级组	安邦
170	广西赛区	广西民族大学	三等奖	数学类高年级组	罗志
171	江苏赛区	江苏大学	三等奖	数学类高年级组	李栋梁
172	山东赛区	曲阜师范大学	三等奖	数学类高年级组	卢立雪
173	河南赛区	河南科技学院	三等奖	数学类高年级组	吴磊磊

附录　第十一届全国大学生数学竞赛决赛（附获奖名单）

续表1

序号	赛区	考生所在学校	获奖等级	参赛类型	姓名
174	甘肃赛区	兰州大学	三等奖	数学类高年级组	陈聆溪
175	江苏赛区	南京航空航天大学	三等奖	数学类高年级组	方园周
176	山东赛区	青岛大学	三等奖	数学类高年级组	朱梦蕊
177	辽宁赛区	大连理工大学	三等奖	数学类高年级组	黄晨曦
178	天津赛区	天津大学	三等奖	数学类高年级组	李思雨
179	河南赛区	郑州大学	三等奖	数学类高年级组	王珂
180	河北赛区	河北师范大学	三等奖	数学类高年级组	周武磊
181	重庆赛区	重庆对外经贸学院	三等奖	数学类高年级组	丁富贵
182	河南赛区	河南大学	三等奖	数学类高年级组	解雯佳
183	吉林赛区	东北师范大学	三等奖	数学类高年级组	刘佳玲
184	甘肃赛区	天水师范学院	三等奖	数学类高年级组	徐学宁
185	广西赛区	广西大学	三等奖	数学类高年级组	赵雄
186	陕西赛区	咸阳师范学院	三等奖	数学类高年级组	王振艳
187	河南赛区	郑州大学	三等奖	数学类高年级组	纪俊雅

续表1

序号	赛区	考生所在学校	获奖等级	参赛类型	姓名
188	江西赛区	上饶师范学院	三等奖	数学类高年级组	陈淼
189	甘肃赛区	兰州城市学院	三等奖	数学类高年级组	侯彦荣
190	辽宁赛区	大连理工大学	三等奖	数学类高年级组	张金阳
191	新疆赛区	新疆大学	三等奖	数学类高年级组	张哲
192	贵州赛区	贵州师范大学	三等奖	数学类高年级组	赵琪
193	海南赛区	海南师范大学	三等奖	数学类高年级组	吴国宁

表2 第十一届全国大学生数学竞赛决赛(数学类低年级组)获奖名单

序号	赛区	考生所在学校	获奖等级	参赛类型	姓名
1	北京赛区	北京大学	一等奖	数学类低年级组	杨逸舟
2	北京赛区	北京大学	一等奖	数学类低年级组	杨舍
3	上海赛区	复旦大学	一等奖	数学类低年级组	封清
4	北京赛区	北京大学	一等奖	数学类低年级组	赵沁涵
5	湖北赛区	武汉大学	一等奖	数学类低年级组	宣源昊
6	北京赛区	北京大学	一等奖	数学类低年级组	欧阳泽轩

附录　第十一届全国大学生数学竞赛决赛(附获奖名单)

续表2

序号	赛区	考生所在学校	获奖等级	参赛类型	姓名
7	陕西赛区	西安电子科技大学	一等奖	数学类低年级组	雷玉林
8	云南赛区	云南大学	一等奖	数学类低年级组	李家欢
9	浙江赛区	杭州师范大学	一等奖	数学类低年级组	杨智超
10	陕西赛区	西北农林科技大学	一等奖	数学类低年级组	王浩浩
11	重庆赛区	重庆大学	一等奖	数学类低年级组	袁诚
12	陕西赛区	西北工业大学	一等奖	数学类低年级组	吴庆彤
13	上海赛区	复旦大学	一等奖	数学类低年级组	江孝奕
14	湖南赛区	中南大学	一等奖	数学类低年级组	颜锦东
15	上海赛区	复旦大学	一等奖	数学类低年级组	刘一川
16	上海赛区	复旦大学	一等奖	数学类低年级组	张昊航
17	北京赛区	清华大学	一等奖	数学类低年级组	余泓谕
18	上海赛区	复旦大学	二等奖	数学类低年级组	曹文景
19	广东赛区	中山大学	二等奖	数学类低年级组	张璟国
20	福建赛区	厦门大学	二等奖	数学类低年级组	戴俊辉

续表2

序号	赛区	考生所在学校	获奖等级	参赛类型	姓名
21	湖北赛区	华中科技大学	二等奖	数学类低年级组	胡锐
22	山东赛区	山东大学	二等奖	数学类低年级组	张子扬
23	辽宁赛区	辽宁大学	二等奖	数学类低年级组	杨威
24	山东赛区	山东大学	二等奖	数学类低年级组	汤一鸣
25	内蒙古赛区	内蒙古大学	二等奖	数学类低年级组	任浩然
26	河南赛区	郑州大学	二等奖	数学类低年级组	刘海洋
27	江苏赛区	苏州大学	二等奖	数学类低年级组	杭良慨
28	山东赛区	山东大学	二等奖	数学类低年级组	朱奕
29	贵州赛区	贵州大学	二等奖	数学类低年级组	曾琦
30	重庆赛区	重庆大学	二等奖	数学类低年级组	李海君
31	湖北赛区	华中科技大学	二等奖	数学类低年级组	黄晟原
32	上海赛区	复旦大学	二等奖	数学类低年级组	范辰健
33	吉林赛区	吉林大学	二等奖	数学类低年级组	侯頔
34	湖北赛区	武汉大学	二等奖	数学类低年级组	曾闻涛

续表2

序号	赛区	考生所在学校	获奖等级	参赛类型	姓名
35	重庆赛区	重庆大学	二等奖	数学类低年级组	马宇轩
36	四川赛区	电子科技大学	二等奖	数学类低年级组	方兴
37	浙江赛区	绍兴文理学院	二等奖	数学类低年级组	钟鹏杰
38	重庆赛区	重庆邮电大学	二等奖	数学类低年级组	杨萌磊
39	黑龙江赛区	哈尔滨工业大学（威海）	二等奖	数学类低年级组	孙浩雯
40	黑龙江赛区	哈尔滨工业大学	二等奖	数学类低年级组	刘瀚文
41	湖北赛区	武汉大学	二等奖	数学类低年级组	高震
42	四川赛区	电子科技大学	二等奖	数学类低年级组	赵勇奇
43	吉林赛区	东北师范大学	二等奖	数学类低年级组	孙朝敏
44	河北赛区	河北师范大学	三等奖	数学类低年级组	刘德海
45	黑龙江赛区	哈尔滨工业大学	三等奖	数学类低年级组	陈博飞
46	解放军赛区	国防科技大学	三等奖	数学类低年级组	吴雨航
47	重庆赛区	西南大学	三等奖	数学类低年级组	许清莹
48	新疆赛区	新疆大学	三等奖	数学类低年级组	满浩捷

续表2

序号	赛区	考生所在学校	获奖等级	参赛类型	姓名
49	山东赛区	山东师范大学	三等奖	数学类低年级组	马建涛
50	湖南赛区	中南大学	三等奖	数学类低年级组	刘伟浩
51	湖南赛区	中南大学	三等奖	数学类低年级组	刘维康
52	福建赛区	福州大学	三等奖	数学类低年级组	许沁轩
53	江西赛区	南昌大学	三等奖	数学类低年级组	常维昊
54	陕西赛区	西安工程大学	三等奖	数学类低年级组	雷雄
55	河南赛区	信阳师范学院	三等奖	数学类低年级组	李霖
56	广东赛区	中山大学	三等奖	数学类低年级组	郑会淦
57	北京赛区	北京大学	三等奖	数学类低年级组	冀文龙
58	辽宁赛区	大连理工大学	三等奖	数学类低年级组	常瑜滟
59	山西赛区	山西大学	三等奖	数学类低年级组	于泽川
60	新疆赛区	新疆大学	三等奖	数学类低年级组	贾靓荷
61	内蒙古赛区	内蒙古大学	三等奖	数学类低年级组	马晨菲
62	重庆赛区	西南大学	三等奖	数学类低年级组	任世航

续表2

序号	赛区	考生所在学校	获奖等级	参赛类型	姓名
63	宁夏赛区	宁夏大学	三等奖	数学类低年级组	郭亚妮
64	陕西赛区	陕西师范大学	三等奖	数学类低年级组	王蕊
65	宁夏赛区	宁夏大学	三等奖	数学类低年级组	何毅冰
66	吉林赛区	吉林师范大学	三等奖	数学类低年级组	孙海冰
67	山西赛区	中北大学	三等奖	数学类低年级组	徐业剑
68	江西赛区	南昌大学	三等奖	数学类低年级组	董冠军
69	解放军赛区	国防科技大学	三等奖	数学类低年级组	陈贝尔
70	云南赛区	云南大学	三等奖	数学类低年级组	胡奇凯
71	陕西赛区	延安大学	三等奖	数学类低年级组	赵彭丽
72	福建赛区	厦门大学	三等奖	数学类低年级组	梁逸潇
73	重庆赛区	长江师范大学	三等奖	数学类低年级组	刘忆淑
74	福建赛区	厦门大学	三等奖	数学类低年级组	张江楠
75	重庆赛区	西南大学	三等奖	数学类低年级组	林小钰
76	山西赛区	山西大学	三等奖	数学类低年级组	赵立帅

续表2

序号	赛区	考生所在学校	获奖等级	参赛类型	姓名
77	河南赛区	华北水利水电大学	三等奖	数学类低年级组	洪松
78	西藏赛区	西藏大学	三等奖	数学类低年级组	赵江鑫
79	内蒙古赛区	内蒙古大学	三等奖	数学类低年级组	崔轶鹏

表3 第十一届全国大学生数学竞赛决赛（非数学类）获奖名单

序号	赛区	考生所在学校	获奖等级	参赛类型	姓名
1	陕西赛区	西安交通大学	一等奖	非数学专业	于沛生
2	北京赛区	清华大学	一等奖	非数学专业	王煜楠
3	陕西赛区	长安大学	一等奖	非数学专业	孙建峰
4	江苏赛区	河海大学	一等奖	非数学专业	石蕴
5	广东赛区	华南理工大学	一等奖	非数学专业	何嘉豪
6	陕西赛区	西安交通大学	一等奖	非数学专业	韩健乐
7	江苏赛区	金陵科技学院	一等奖	非数学专业	陆潇
8	四川赛区	四川大学	一等奖	非数学专业	徐希蒙
9	重庆赛区	重庆大学	一等奖	非数学专业	董泓成

附录 第十一届全国大学生数学竞赛决赛(附获奖名单)

续表3

序号	赛区	考生所在学校	获奖等级	参赛类型	姓名
10	山西赛区	中北大学	一等奖	非数学专业	詹扬
11	湖北赛区	华中科技大学	一等奖	非数学专业	王洲禹
12	上海赛区	上海交通大学	一等奖	非数学专业	何静海
13	四川赛区	西南交通大学	一等奖	非数学专业	周明玺
14	北京赛区	清华大学	一等奖	非数学专业	李自龙
15	湖北赛区	武汉大学	一等奖	非数学专业	曹臻
16	湖南赛区	湖南大学	一等奖	非数学专业	范则鸣
17	安徽赛区	中国科学技术大学	一等奖	非数学专业	谈澳
18	福建赛区	厦门大学	一等奖	非数学专业	林子谦
19	江苏赛区	苏州大学	一等奖	非数学专业	张天一
20	上海赛区	上海大学	一等奖	非数学专业	卢望龙
21	四川赛区	四川大学	一等奖	非数学专业	吴佳奇
22	四川赛区	电子科技大学	一等奖	非数学专业	宋天祥
23	山东赛区	中国石油大学（华东）	一等奖	非数学专业	刘帅辰

续表3

序号	赛区	考生所在学校	获奖等级	参赛类型	姓名
24	贵州赛区	贵州财经大学商务学院	一等奖	非数学专业	何俊
25	湖北赛区	武汉大学	一等奖	非数学专业	林思龙
26	山东赛区	山东大学	一等奖	非数学专业	周志伟
27	福建赛区	厦门大学	一等奖	非数学专业	林葳杨
28	上海赛区	上海交通大学	一等奖	非数学专业	裘柯钧
29	重庆赛区	重庆邮电大学	一等奖	非数学专业	吴悄然
30	湖北赛区	武汉大学	一等奖	非数学专业	黄伟
31	江西赛区	江西机电职业技术学院	一等奖	非数学专业	官协
32	吉林赛区	吉林大学	一等奖	非数学专业	罗常凡
33	湖北赛区	武汉大学	一等奖	非数学专业	陈浩
34	山西赛区	中北大学	一等奖	非数学专业	康凯
35	江西赛区	江西财经大学	一等奖	非数学专业	包恒康
36	天津赛区	天津大学	一等奖	非数学专业	胡辉
37	湖北赛区	华中科技大学	一等奖	非数学专业	陈宇飞

续表3

序号	赛区	考生所在学校	获奖等级	参赛类型	姓名
38	北京赛区	中国石油大学（北京）	一等奖	非数学专业	李知旂
39	山东赛区	山东大学	一等奖	非数学专业	陈方可
40	北京赛区	北京航空航天大学	一等奖	非数学专业	南军峰
41	湖南赛区	湘潭大学	一等奖	非数学专业	王腾
42	江苏赛区	南京理工大学	一等奖	非数学专业	罗文水
43	山东赛区	山东大学（威海）	一等奖	非数学专业	郭炜铖
44	北京赛区	北京大学	一等奖	非数学专业	韩泽尧
45	江苏赛区	盐城工学院	一等奖	非数学专业	邱亮亮
46	四川赛区	四川大学	一等奖	非数学专业	李圣力
47	山东赛区	山东大学	一等奖	非数学专业	闫皖民
48	天津赛区	南开大学	一等奖	非数学专业	刘霁萱
49	上海赛区	南开大学	一等奖	非数学专业	陈炫耀
50	吉林赛区	吉林大学	一等奖	非数学专业	张鹤锐
51	河北赛区	燕山大学	一等奖	非数学专业	衡佩

续表3

序号	赛区	考生所在学校	获奖等级	参赛类型	姓名
52	山东赛区	山东交通学院	一等奖	非数学专业	杨泽
53	湖北赛区	华中科技大学	一等奖	非数学专业	邹澂洸
54	上海赛区	华东理工大学	一等奖	非数学专业	丁飞龙
55	江苏赛区	盐城工学院	一等奖	非数学专业	蔡旭昊
56	北京赛区	北京大学	一等奖	非数学专业	沈定宇
57	广东赛区	华南理工大学	一等奖	非数学专业	潘建辉
58	北京赛区	北京大学	一等奖	非数学专业	董勃言
59	湖南赛区	中南大学	二等奖	非数学专业	陈靖
60	安徽赛区	中国科学技术大学	二等奖	非数学专业	文柏霖
61	江苏赛区	河海大学	二等奖	非数学专业	王海宇
62	上海赛区	复旦大学	二等奖	非数学专业	赵拓宇
63	北京赛区	北京邮电大学	二等奖	非数学专业	李少冰
64	湖北赛区	华中科技大学	二等奖	非数学专业	顾赛闻
65	福建赛区	福建师范大学	二等奖	非数学专业	魏文灿

续表3

序号	赛区	考生所在学校	获奖等级	参赛类型	姓名
66	解放军赛区	海军工程大学	二等奖	非数学专业	曾梓涵
67	辽宁赛区	大连理工大学	二等奖	非数学专业	包宇鹏
68	安徽赛区	中国科学技术大学	二等奖	非数学专业	肖义儒
69	河南赛区	河南理工大学	二等奖	非数学专业	古阳光
70	北京赛区	北京大学	二等奖	非数学专业	王康
71	上海赛区	上海交通大学	二等奖	非数学专业	陈蔚骏
72	解放军赛区	国防科技大学	二等奖	非数学专业	杨鑫鹏
73	广东赛区	华南理工大学	二等奖	非数学专业	熊志进
74	北京赛区	北京理工大学	二等奖	非数学专业	赵祉瑜
75	北京赛区	北京航空航天大学	二等奖	非数学专业	覃子宇
76	安徽赛区	安徽大学	二等奖	非数学专业	陈施毅
77	山东赛区	中国海洋大学	二等奖	非数学专业	李华杨
78	湖北赛区	华中科技大学	二等奖	非数学专业	陈家辉
79	河南赛区	郑州大学	二等奖	非数学专业	张泽天

续表3

序号	赛区	考生所在学校	获奖等级	参赛类型	姓名
80	北京赛区	北京邮电大学	二等奖	非数学专业	陈旭
81	湖北赛区	华中科技大学	二等奖	非数学专业	刘文泽
82	浙江赛区	浙江大学	二等奖	非数学专业	陈大同
83	黑龙江赛区	哈尔滨工业大学	二等奖	非数学专业	吴龙军
84	四川赛区	西南财经大学	二等奖	非数学专业	孙蘅
85	安徽赛区	中国科学技术大学	二等奖	非数学专业	邓涛
86	天津赛区	南开大学	二等奖	非数学专业	时少航
87	天津赛区	南开大学	二等奖	非数学专业	张圣
88	北京赛区	北京理工大学	二等奖	非数学专业	张高辇
89	福建赛区	厦门大学	二等奖	非数学专业	郑康
90	湖北赛区	武汉轻工大学	二等奖	非数学专业	刘力手
91	四川赛区	西南财经大学	二等奖	非数学专业	许棱臻
92	辽宁赛区	大连理工大学	二等奖	非数学专业	刘嘉骏
93	湖北赛区	华中科技大学	二等奖	非数学专业	吴绾

续表3

序号	赛区	考生所在学校	获奖等级	参赛类型	姓名
94	北京赛区	北京航空航天大学	二等奖	非数学专业	陈宇轩
95	山东赛区	山东大学	二等奖	非数学专业	张步喆
96	四川赛区	西南财经大学	二等奖	非数学专业	王启新
97	湖南赛区	湖南师范大学	二等奖	非数学专业	江志成
98	辽宁赛区	辽宁大学	二等奖	非数学专业	刘忠源
99	黑龙江赛区	哈尔滨工业大学	二等奖	非数学专业	许肖
100	陕西赛区	西安交通大学	二等奖	非数学专业	浦子健
101	上海赛区	华东师范大学	二等奖	非数学专业	何嘉维
102	河南赛区	河南工业大学	二等奖	非数学专业	田顶力
103	江苏赛区	南京航空航天大学	二等奖	非数学专业	王路航
104	河北赛区	燕山大学	二等奖	非数学专业	张再哲
105	陕西赛区	西安建筑科技大学	二等奖	非数学专业	吕家强
106	天津赛区	南开大学	二等奖	非数学专业	刘雨濠
107	重庆赛区	重庆大学	二等奖	非数学专业	傅文润

续表3

序号	赛区	考生所在学校	获奖等级	参赛类型	姓名
108	江西赛区	华东交通大学	二等奖	非数学专业	刘威
109	黑龙江赛区	哈尔滨工业大学	二等奖	非数学专业	刘云林
110	四川赛区	电子科技大学	二等奖	非数学专业	马暕
111	解放军赛区	陆军步兵学院	二等奖	非数学专业	杜益楠
112	安徽赛区	合肥工业大学	二等奖	非数学专业	陈家鑫
113	湖南赛区	湖南大学	二等奖	非数学专业	段剑桥
114	北京赛区	北京理工大学	二等奖	非数学专业	刘喆
115	上海赛区	同济大学	二等奖	非数学专业	宋泽楠
116	浙江赛区	宁波大学	二等奖	非数学专业	周劲宇
117	解放军赛区	海军工程大学	二等奖	非数学专业	刘亚洲
118	贵州赛区	贵州大学	二等奖	非数学专业	范松
119	天津赛区	天津工业大学	二等奖	非数学专业	刘之炎
120	四川赛区	电子科技大学	二等奖	非数学专业	程天琪
121	河南赛区	河南工业大学	二等奖	非数学专业	侯万杉

续表3

序号	赛区	考生所在学校	获奖等级	参赛类型	姓名
122	北京赛区	北京航空航天大学	二等奖	非数学专业	罗毅轩
123	新疆赛区	石河子大学	二等奖	非数学专业	谢龙韬
124	北京赛区	北京大学	二等奖	非数学专业	张雨桐
125	天津赛区	天津大学	二等奖	非数学专业	孙蔷馥
126	江西赛区	上饶师范学院	二等奖	非数学专业	章振中
127	北京赛区	北京航空航天大学	二等奖	非数学专业	武东弋
128	黑龙江赛区	东北石油大学	二等奖	非数学专业	赵志杰
129	浙江赛区	浙江大学	二等奖	非数学专业	李睿泽
130	陕西赛区	长安大学	二等奖	非数学专业	宋洋
131	陕西赛区	西安电子科技大学	二等奖	非数学专业	李权
132	重庆赛区	重庆大学	二等奖	非数学专业	肖永健
133	陕西赛区	西安交通大学	二等奖	非数学专业	曹思达
134	北京赛区	北京理工大学	二等奖	非数学专业	王啸
135	江苏赛区	南京理工大学	二等奖	非数学专业	赵洪烨

续表3

序号	赛区	考生所在学校	获奖等级	参赛类型	姓名
136	辽宁赛区	大连民族大学	二等奖	非数学专业	张特江
137	江苏赛区	南京信息工程大学	二等奖	非数学专业	徐为业
138	吉林赛区	吉林大学	二等奖	非数学专业	王智超
139	陕西赛区	西北工业大学	二等奖	非数学专业	张玉鹏
140	北京赛区	北京邮电大学	二等奖	非数学专业	孔金鑫
141	江西赛区	江西理工大学	二等奖	非数学专业	何骏炜
142	河南赛区	河南科技大学	二等奖	非数学专业	褚文从
143	山西赛区	太原理工大学	二等奖	非数学专业	唐龙海
144	江苏赛区	南京审计大学	二等奖	非数学专业	卫致远
145	吉林赛区	吉林大学	三等奖	非数学专业	颜慈霖
146	云南赛区	云南大学	三等奖	非数学专业	周卓雅
147	江苏赛区	扬州大学	三等奖	非数学专业	刘亚棋
148	吉林赛区	北华大学	三等奖	非数学专业	展光辉
149	陕西赛区	西北工业大学	三等奖	非数学专业	李太吉

续表3

序号	赛区	考生所在学校	获奖等级	参赛类型	姓名
150	辽宁赛区	东北大学	三等奖	非数学专业	王崇强
151	山东赛区	齐鲁工业大学	三等奖	非数学专业	蒋中豪
152	浙江赛区	浙江大学	三等奖	非数学专业	刘书悉
153	浙江赛区	浙江大学	三等奖	非数学专业	郝光源
154	浙江赛区	绍兴文理学院	三等奖	非数学专业	阮晟懿
155	福建赛区	厦门大学	三等奖	非数学专业	郑杰
156	宁夏赛区	宁夏大学	三等奖	非数学专业	李家乐
157	江苏赛区	南京理工大学	三等奖	非数学专业	肖天翱
158	黑龙江赛区	哈尔滨工业大学	三等奖	非数学专业	李佳城
159	黑龙江赛区	哈尔滨工业大学	三等奖	非数学专业	肖靖杰
160	山东赛区	海军航空大学	三等奖	非数学专业	石果玉
161	辽宁赛区	东北财经大学	三等奖	非数学专业	杜一庆
162	湖南赛区	湘潭大学	三等奖	非数学专业	刘扬帆
163	北京赛区	北京邮电大学	三等奖	非数学专业	欧阳天昊

续表3

序号	赛区	考生所在学校	获奖等级	参赛类型	姓名
164	解放军赛区	国防科技大学	三等奖	非数学专业	蒙睿
165	辽宁赛区	大连理工大学	三等奖	非数学专业	赵景林
166	湖北赛区	华中科技大学	三等奖	非数学专业	陈耕
167	浙江赛区	浙江大学	三等奖	非数学专业	陈泽丰
168	河北赛区	华北电力大学	三等奖	非数学专业	陈洪亮
169	重庆赛区	重庆大学	三等奖	非数学专业	朱海龙
170	贵州赛区	贵州财经大学	三等奖	非数学专业	曾鑫
171	湖北赛区	武汉大学	三等奖	非数学专业	李旭珅
172	广西赛区	广西大学	三等奖	非数学专业	杨佳慧
173	吉林赛区	长春师范大学	三等奖	非数学专业	范大成
174	陕西赛区	西安电子科技大学	三等奖	非数学专业	邵宇阳
175	新疆赛区	新疆大学	三等奖	非数学专业	徐寅翔
176	浙江赛区	浙江理工大学	三等奖	非数学专业	张建科
177	山东赛区	曲阜师范大学	三等奖	非数学专业	李钰琪

附录　第十一届全国大学生数学竞赛决赛(附获奖名单)

续表3

序号	赛区	考生所在学校	获奖等级	参赛类型	姓名
178	河南赛区	郑州大学	三等奖	非数学专业	冉东升
179	新疆赛区	新疆大学	三等奖	非数学专业	姬生麟
180	云南赛区	云南大学	三等奖	非数学专业	文启欣
181	浙江赛区	浙江大学	三等奖	非数学专业	盛小俊
182	江苏赛区	河海大学	三等奖	非数学专业	徐扬
183	陕西赛区	空军工程大学	三等奖	非数学专业	陈英剑
184	天津赛区	南开大学	三等奖	非数学专业	苏航
185	河南赛区	郑州轻工业大学	三等奖	非数学专业	张传刚
186	广东赛区	华南师范大学	三等奖	非数学专业	许俊怀
187	安徽赛区	中国科学技术大学	三等奖	非数学专业	汪泽元
188	福建赛区	厦门大学	三等奖	非数学专业	江玉栋
189	甘肃赛区	兰州大学	三等奖	非数学专业	舒畅
190	湖北赛区	湖北工业大学	三等奖	非数学专业	郑灵
191	山东赛区	烟台大学	三等奖	非数学专业	刘岩

续表3

序号	赛区	考生所在学校	获奖等级	参赛类型	姓名
192	湖南赛区	湖南大学	三等奖	非数学专业	邱少勇
193	河北赛区	燕山大学	三等奖	非数学专业	李京朝
194	安徽赛区	中国科学技术大学	三等奖	非数学专业	高健
195	陕西赛区	西安邮电大学	三等奖	非数学专业	徐从统
196	河南赛区	信息工程大学	三等奖	非数学专业	王大力
197	陕西赛区	西安电子科技大学	三等奖	非数学专业	冯源
198	湖北赛区	武汉大学	三等奖	非数学专业	陈紫丹
199	广西赛区	广西大学	三等奖	非数学专业	肖兵
200	河北赛区	华北电力大学(保定)	三等奖	非数学专业	陈健东
201	上海赛区	复旦大学	三等奖	非数学专业	孙杰
202	内蒙古赛区	内蒙古财经大学	三等奖	非数学专业	张佳宇
203	黑龙江赛区	哈尔滨工业大学(威海)	三等奖	非数学专业	李嘉炜
204	内蒙古赛区	内蒙古大学	三等奖	非数学专业	申桦炜
205	上海赛区	上海财经大学	三等奖	非数学专业	李哲

续表3

序号	赛区	考生所在学校	获奖等级	参赛类型	姓名
206	黑龙江赛区	哈尔滨工程大学	三等奖	非数学专业	邓琪
207	内蒙古赛区	内蒙古大学	三等奖	非数学专业	柳语馨
208	河南赛区	河南农业大学	三等奖	非数学专业	吴雪涛
209	宁夏赛区	宁夏大学	三等奖	非数学专业	程坤坤
210	江西赛区	江西师范大学	三等奖	非数学专业	胡豪
211	湖北赛区	华中科技大学	三等奖	非数学专业	杨文韬
212	重庆赛区	重庆大学	三等奖	非数学专业	黄南
213	甘肃赛区	兰州大学	三等奖	非数学专业	张承尧
214	甘肃赛区	兰州大学	三等奖	非数学专业	吴静儿
215	甘肃赛区	兰州理工大学	三等奖	非数学专业	王宇龙
216	北京赛区	北京航空航天大学	三等奖	非数学专业	韩程凯
217	广东赛区	华南理工大学	三等奖	非数学专业	严颖诗
218	云南赛区	云南大学	三等奖	非数学专业	辛子怡
219	云南赛区	云南大学	三等奖	非数学专业	沈陆天

续表3

序号	赛区	考生所在学校	获奖等级	参赛类型	姓名
220	山西赛区	中北大学	三等奖	非数学专业	李茜茹
221	广西赛区	广西大学	三等奖	非数学专业	张皓量
222	陕西赛区	空军工程大学	三等奖	非数学专业	胡启春
223	辽宁赛区	大连大学	三等奖	非数学专业	顾婕璇
224	广西赛区	广西科技大学	三等奖	非数学专业	刘丽萍
225	西藏赛区	西藏大学	三等奖	非数学专业	李亚鹏
226	河南赛区	河南大学	三等奖	非数学专业	申博延
227	河北赛区	河北工业大学	三等奖	非数学专业	徐慧明
228	甘肃赛区	兰州理工大学	三等奖	非数学专业	李海平
229	陕西赛区	武警工程大学	三等奖	非数学专业	吴浩博
230	广西赛区	桂林理工大学	三等奖	非数学专业	朱奔腾
231	江苏赛区	徐州工程学院	三等奖	非数学专业	周子豪
232	陕西赛区	西安电子科技大学	三等奖	非数学专业	郭钦
233	辽宁赛区	大连交通大学	三等奖	非数学专业	张子越

续表3

序号	赛区	考生所在学校	获奖等级	参赛类型	姓名
234	贵州赛区	贵州理工学院	三等奖	非数学专业	唐健
235	黑龙江赛区	哈尔滨工业大学	三等奖	非数学专业	常路
236	陕西赛区	西安理工大学	三等奖	非数学专业	张越
237	广西赛区	广西大学	三等奖	非数学专业	张富强
238	陕西赛区	西北农林科技大学	三等奖	非数学专业	王靖
239	江西赛区	南昌工程学院	三等奖	非数学专业	欧阳朝信
240	新疆赛区	新疆大学	三等奖	非数学专业	闫世辰
241	山东赛区	山东农业大学	三等奖	非数学专业	王敏锐
242	新疆赛区	石河子大学	三等奖	非数学专业	杨光发
243	河南赛区	信息工程大学	三等奖	非数学专业	曹金政
244	江苏赛区	南京理工大学	三等奖	非数学专业	李广泽
245	河北赛区	华北电力大学（保定）	三等奖	非数学专业	陈光阳
246	广东赛区	华南理工大学	三等奖	非数学专业	何思源
247	贵州赛区	贵州大学	三等奖	非数学专业	黄先桃

续表3

序号	赛区	考生所在学校	获奖等级	参赛类型	姓名
248	广东赛区	中山大学	三等奖	非数学专业	钱佳雨
249	云南赛区	云南大学	三等奖	非数学专业	孙溥含
250	辽宁赛区	东北大学	三等奖	非数学专业	王宁
251	云南赛区	云南大学	三等奖	非数学专业	尹君州
252	内蒙古赛区	内蒙古财经大学	三等奖	非数学专业	李玥
253	山西赛区	山西财经大学	三等奖	非数学专业	赵鑫
254	内蒙古赛区	鄂尔多斯应用技术学院	三等奖	非数学专业	邢晓柯
255	福建赛区	福建师范大学	三等奖	非数学专业	缪忠剑
256	贵州赛区	贵州理工学院	三等奖	非数学专业	肖慧
257	山西赛区	山西农业大学	三等奖	非数学专业	董昇
258	上海赛区	上海交通大学	三等奖	非数学专业	赵启元
259	吉林赛区	长春工业大学	三等奖	非数学专业	侬胜飘
260	宁夏赛区	宁夏大学	三等奖	非数学专业	张津滔
261	贵州赛区	贵州理工学院	三等奖	非数学专业	耿宏岩

续表3

序号	赛区	考生所在学校	获奖等级	参赛类型	姓名
262	重庆赛区	西南大学	三等奖	非数学专业	刘若兰
263	甘肃赛区	兰州工业学院	三等奖	非数学专业	姜浩楠
264	河南赛区	河南工业大学	三等奖	非数学专业	袁洪闯
265	广西赛区	桂林电子科技大学	三等奖	非数学专业	孟江润
266	海南赛区	海南师范大学	三等奖	非数学专业	宋明昊
267	广西赛区	广西大学	三等奖	非数学专业	李业题
268	海南赛区	海南师范大学	三等奖	非数学专业	傅全玺
269	西藏赛区	西藏大学	三等奖	非数学专业	祁福明
270	辽宁赛区	东北大学	三等奖	非数学专业	雷佳伟
271	重庆赛区	重庆大学城市科技学院	三等奖	非数学专业	龚世博
272	山西赛区	太原科技大学	三等奖	非数学专业	弓成司
273	贵州赛区	贵州师范大学	三等奖	非数学专业	孙万海
274	陕西赛区	延安大学	三等奖	非数学专业	邓易帆
275	黑龙江赛区	哈尔滨工业大学（深圳）	三等奖	非数学专业	潘延麒

续表3

序号	赛区	考生所在学校	获奖等级	参赛类型	姓名
276	解放军赛区	陆军特种作战学院	三等奖	非数学专业	李云松

参 考 资 料

[1] ADAMS R A. Sobolev Spaces[M]. New York: Academic Press, 1975.

[2] AHLBERG J H, ITO T. A collocation method for two-point boundary value problems[J]. Math Comp, 1975(29):761-776.

[3] AHUÉS M. Raffinement des élérncnts propres d'un opérateur compact sur tin espace de Banach par des méthodes de tape Newton à jacobien approché[M]. Unpublished manuscript, Univ. de Grenoble, 1982.

[4] AHUÉS M, TELIAS M. Petrov-Galerkin schemes for the steady state convection-diffusion equation[J]. In Finite Elenuants in Water Resources (K. P. Holz, U. Meissner, W. Zulkc, C. A. Brebbia, G. Pinder and W. Gray, eds.). Springer-Verlag, Berlin and New York, 1982:2-3,2-12.

[5] AHUÉS M, TELIAS M. Quasi-Newton iterative refinement techniques for the eigenvalue problem of compact linear operators[J]. R. R. IMAG Univ. de Grenoble, 1982:325.

[6] AHUÉS M, CHATELIN F, D'ALMEIDA F, et al. in treatment of integral equations by numerical methods[M]. London: Academic Press, 1983.

[7] AHUÉS M, D'ALMEIDA F, TELIAS M. Iterative refinement for aproximate eigenelements of compact operators[J]. RAIRO Anal, 1983.

[8] ALBRECHT J, COLLATZ L. Numerical treatment of integral equations[M]. Basel:Birkhaeuser,1980.

[9] ANDERSSEN R S, PRENTER P M. A formal comparison of methods proposed for the numerical solution of first kind integral equations[J]. J. Austral. Math. Soc. Ser. B22, 1981:491-503.

[10] ANDERSSEN R S, DE HOOG F R, LUKAS M A, EDS. The application and numerical solution of integral equations[M]. Netherlands: Sijthoff & Noordhoff, Alphen an den Rijn,1980.

[11] ANDREW A L. Eigenvectors of certain matrices[J]. Linear Algebra Appl, 1973(7):151-162.

[12] ANDREW A L. Iterative computation of derivatives of eigenvalues and eigenvectors[J]. J. lnst. Math. Appl., 1979(24):209-218.

[13] ANDREW A L, ELTON G C. Computation of eigenvectors corresponding to

multiple eigenvalues[J]. Ball. Austral. Math. Soc., 1971(4):419-422.

[14] ANDRUSHKIN R I. On the approximate solution of K-positive eigenvalue problems $Tu-\lambda Su=0$ J[J]. Math. Anal. Appl., 1975(50):511-529.

[15] ANSELONE P M. Collectively compact operator approximation theory[M]. New Jersey: Prernice-Hall, 1971.

[16] ANSELONE P M. Nonlinear operator approximation[M]. J. Albrecht, L. Collatz. In Moderne Methoden der numerischen Mathematik, Basel: Birkhabser, 1976:17-24.

[17] ANSELONE P M, AMORGE R. Compactness principle in non linear operator approximation theory[J]. Numer. Funct. Anal. Optim., 1979(1):589-618.

[18] ANSELONE P M, GONZALEZ-FERNANDEZ M J. Uniformly convergent approximate solutions of Fredholm integral equations[J]. J. Math. Anal. Appl., 1965(10): 519-536.

[19] ANSELONE P M, KRABS W. Approximate solution of weakly singular integral equations[J]. J. Integral Equations, 1979(1):61-75.

[20] ANSELONE P M, LEE J W. Spectral properties of integral operators with non-negative kernels[J]. Linear Algebra Appl., 1974(9):67-87.

[21] ANSELONE P M, LEE J W. Double approximation methods for the solution of Fredholm integral equations[M]. L. Collatz, H. Werner, and G Meinardus. eds. In Numerische Methoden der Approximations Theorie. Basel: Birkhaeuser, 1976:9-34.

[22] ARNOLD D N, WENDLAND W L. On the asymptotic convergence of collocation methods[M]. Prepr: Hochschule Darmstadt, 1982.

[23] ARNOLDI W E. The principle of minimized iterations in the solution of the matrix eigenvalue problem[J]. Ouart. Appl. math, 1951(9):17-29.

[24] ATKINSON K E. The numerical solution of fredholm integral equations of the second kind[J]. SIAM J. Numer. Anal., 1967a(4):337-348.

[25] ATKINSON K E. The numerical solution of the eigenvalue problem for compact integral operators[J]. Trans. Amer. Math. Soc., 1967b(129):458-465.

[26] ATKINSON K E. The numerical solution of fredholm intergral equations of the second kind with singular kernels[J]. Numer. Math., 1972(19):248-259.

[27] ATKINSON K E. Iterative variants of the nyström method for the numerical solution of integral equations[J]. Numer. Math., 1973(22):17-31.

[28] ATKINSON K E. Convergence rates for approximate eigenvalues of compact integral equations[J]. SIAM J. Numer. Anal., 1975(12):213-222.

[29] ATKINSON K E. A survey of numerical methods for the Solution of Fredholm Integral Equations of the Second Kind[M]. Pennsylvanis: SIAM, Philadelphia, 1976.

[30] ATKINSON K E. An automatic program for linear fredholm integral equations of the second kind[J]. ACM Trans. Math. Software, 1976(b)(2):154-171.

[31] ATKINSON K E, GRAHAM I G, SLOAN I H. Piecewise continuous collocation for integral equations[M]. New South Wales: Kensington, 1982.

[32] AUBIN J P. Approximation of elliptic boundary value problems[M]. New York: Wiley (Interscience), 1972.

[33] AZIZ A K, ed. The mathematical foundations of the finite element method with applications to partial differential equations[M]. New York: Academic Press, 1972.

[34] BABUSKA I. Error bounds for finite element method[J]. Nemer. Math, 1971(16):322-333.

[35] BAKUSKA I. The finite element method with Lagrangian multipliers[J]. Numer. Math, 1973(20):179-192.

[36] BABUSKA L, AZIZ A K. Survey letures on the mathematical foundations of the finite element method[M]. A. K. Aziz. In the Mathematical Foundations of the Finite Element Method with Applications to Partial Differential Equations. New York: Academic Press, 1972.

[37] BABUSKA I, OSBORN J E. Numerical treatment of eigenvalue problems for differential equations with discontinuous coefficients[J]. Math. Comp, 1978 (32):991-1023.

[38] BABUSKA I, RHEINBOLDT W. Error estimates for adaptive finite element computations[J]. SIMA J. Numer. Anal, 1978(15):736-754.

[39] BAKER C T H. The deferred approach to the limit for eigenvalues of integral equations[J]. SIAM J. Numer. Anal, 1971(8):1-10.

[40] BAKER C T H. The numerical treatment of integral equations[M]. London and New York: Press (Clarendon), 1977.

[41] BAKER C T H, HODGSON G S. Asymptotic expansions for integration formulae in one and more dimensions[J]. SIAM J. Numer Anal, 1971(8):473-480.

[42] BANACH S, STEINHAUS H. Sur le principe de la condensation des singularités[J]. Fund. Math, 1927(9):51-57.

[43] BANK R E. Analysis of a mulitilevel inverse iteration procedure for eigenvalue problems[M]. Connecticut: Res. Rep. No. 199, Computer Science, Yale Univ., 1980.

[44] BANK R E, ROSE D J. Analysis of a multilevel iterative method for nonlinear finite element equatins[M]. Connecticut: Res. Rep. No. 202, Computer Science. Yale Univ., 1981.

[45] BARTELS R H, STEWART G W. Algorthm 432, solution of the matrix equation $AX+XB=C$[J]. Comm ACM, 1972(15):820-826.

[46] BATHÉ K J, WILSON E L. Large eigenvalue problems in dynamic analysis [J]. ASCE J. Engrg. Mech. Div, 1972(98):1471-1485.

[47] BATHÉ K J, WILSON E L. Eigensolution of large structure systems with small band width[J]. ASCE J. Engrg. Mech. Div, 1973(99), 467-480.

[48] BATHÉ K J, WILSON E L. Solution methods for eigenvalue problems in structural mechanics[J]. Internat. J. Numer. Methods Engrg., 1973b(6): 213-226.

[49] BATHÉ K J, WILSON E L. Numerical methods in finite element analysis [M]. New Jersey: Prentice-Hall, Englewood Cliffs, 1976.

[50] BATHÉ K J, Ramaswamy S. An accelerated subspace iteration method[J]. Comput. Methods Appl. Mech, Engrg, 1980(23):313-331.

[51] BAUER F L. Das verfahren der treppeniteration und verwandte verfahren zur lösung algebraisher eigenwertprobleme[J]. Z. Angew. Math. Phys., 1957 (8):214-235.

[52] BAUER F L. On modern matrix iteration processes of Bernouilli and Graeffe type[J]. J. Assoc. Comput. Mach, 1958(5):246-257.

[53] BAUER F L, FIKE C T. Norms and exclusion theorems[J]. Numer. Math, 1960(2):137-141.

[54] BAVELY A C, STEWART G W. An algorithm for computing reducing subspaces by block diagonalization[J]. SIAM J. Numer. Anal, 1979(16):359-367.

[55] BEGIS D, PERRONNET A. The Club MODULEF, a library of computer procedures for finite element analysis[M]. Rep. INRIA-MODULEF 73, INRIA, Le Chesnay, 1982.

[56] BERGER D, GRUBER R, TROYON F. A finite element approach to the

computation of the magnetohydrodynamic spectrum of straight noncircular plasma equilibria[J]. Comput. Phys. Commun, 1976(11):313-323.

[57] BERGER W A, MILLER H G, KREUZER K G, et al. An iterative method for calculating low lying eigenvalues of an Hermitian operator[J]. J. Phys. A, 1977(10):1089-1095.

[58] BERGER W A, KRUZER K G, MILLER H G. An algorithm for obtaining an optimalized projected Hamiltonian and its ground state[J]. Z. Physik. A, 1980(298):11-12.

[59] BIRKHOFF G, DE BOOR C, SWARTZ B, et al. Rayleigh-Ritz approximation by piecewise polynomials[J]. SIAM J. Numer. Anal, 1966(3):188-203.

[60] BIRKHOFF G, DE BOOR C, SWARTZ B, et al. Rayleigh-Ritz approximation by piecewise polynomials[J]. SIAM J. Numer. Anal, 1966(3):188-303.

[61] BJÖRCK A. Solving linear least squares problems by Gram-Schmidt orthogonalization[J]. BIT, 1967a(7):1-21.

[62] BJÖRCK A. Iterativ refinement of linear least squares solution: I[J]. BIT, 1967b(7):251-278.

[63] BJÖRCK A. Iterative refinement of linear least squares solution: II[J]. BIT, 1968(8):8-30.

[64] BJÖRCK A, GOLUB G H. Numerical methods for computing angles between linear subspaces[J]. Math. Comp, 1973(27):579-594.

[65] BJÖRCK A, PLEMMONS R J. Large scale matrix problems[M]. New York: American Elsevier, 1980.

[66] BLAND S. The two-dimensional oscillating airfoil in a wind tunnel in subsonic flow[J]. SIAM J. Appl. Math, 1970(18):830-848.

[67] BLUM E K, GELTNER P B. Numerical solution of eigentuple-elgenvector problems in Hilbert space by a gradient method[J]. Numer. Math, 1978(31): 231-246.

[68] BOWDLER H, MARTIN R S, REINSCH C, et al. The OR and OL algorithms for symmetric matrices[J]. Numer. Math, 1968(11): 293-306.

[69] BRAKHAGE H. Áber die unmerische Behandlung von Integralglei-chungen nach der Quadraturformelmethode[J]. Numer. Math, 1960(2):183-196.

[70] BRAKHAGE H. Zur fehlerabschätzung für die numerische eigen-wertbestimmung bei integralgleichungen[J]. Numer. Math, 1961(3):174-179.

[71] BRAMBLE J H, OSBORN J E. Rate of convergence estimates for nonselfadjoint eigenvalue approximations[J]. Math. Comp, 1973(27):525-549.

[72] BRAMBLE J H, SCHATZ A H. Rayleigh-Ritz-Galerkin methods for Dirichlet's proble using subspaces without boundary conditions[J]. Comm. Pure Appl. Math, 1970(23):653-675.

[73] BRANDT A. Multilevel adaptive solutions to boundary value problems[J]. Math. Comp, 1977(31):333-390.

[74] BREZINSKI C. Computation of the eigenelements of a matrix by the ε-algorithm[J]. Linear Algebra Appl, 1975(11):7-20.

[75] BREZZI F. On the existence, uniqueness and approximation of saddle-point problems arising from Lagrangian multipliers[J]. RAIOR Anal. Numér, 1974(2):129-151.

[76] BREZZI F. Sur la méthode des éléments finis hybrides pour le probléme biharmonique[J]. Numer. Math, 1975(24):103-131.

[77] BROWDER F E. Approximation-solvability of nonlinear functional equations in normed linear spaces[J]. Arch. Rational Mech. Anal, 1967(26):33-42.

[78] BROWDER F E, PETRYSHYN W V. The topological degree and Galerkin approximations for noncompact operators in Banach spaces[J]. Bull. Amer. Math. Soc, 1968(74):641-646.

[79] BRUHN G, WENDLAND W L. Áber die näherungweise Lösung von linearen Funktionalgleichungen[M]. L. Collatz, G. Meinardus, and H. Unger, eds. In Funktionalanalysis Approxi-mationstheorie Numerrische Mathematik . Basel:Birkhaeuser, 1967.

[80] BRUNNER H. The application of the variation of constants formulas in the numerical analysis of integral and integro-differential equations[J]. Utilitas Mathematica, 1981(19):255-290.

[81] BUCKNER H. Die Praktische Behandlung[M]. Berlin and New York: BITshr cmf shrmmb Springer-Verlag, 1952.

[82] BULIRSCH R, STOER J. Asymptotic upper and lower bounds for results of extrapolation methods[J]. Numer. Math, 1966(8):93-101.

[83] BUNCH J R, NIELSEN C P. Rank-one modification of the symmetric eigenproblem[J]. Numer. Math, 1978(31):31-48.

[84] BUTSCHER W, KAMMER W E. Modification of Davidson's method for the calculation of eigenvalues and eigenvectors of large real symmetric matrices

[J]. "Root-homing procedure." J. Comput. Phys, 1976(20):313-325.

[85] BUUREMA H J. A geometric proof of convergence for the QR method[M]. Ph. D. Thesis, Univ. of Groningen, 1970.

[86] CACHARD F. Etude numérique de réseaux de file d'attente[M]. Thèse Doct-Ing. , Univ. de Grenoble, 1981.

[87] CANOSA J, GOMES DE OLIVEIRA R. A new method for the solution of the Schrödinger equation[J]. J. Comput. Phys, 1970(5):188-207.

[88] CANUTO C. Eigenvalue approximations by mixed-methods. RAIRO Anal [J]. Numéer, 1978(12):27-50.

[89] CHAN S P, FELDMAN H, PARLETT B N. A program for computing the condition numbers of matrix eigenvalues without computing eigenvectors[J]. ACM Trans. Math. Software, 1977(3):186-203.

[90] CHAN T F, KELLER H B. Arc-length continuation and multigrid techniques for nonlinear elliptic eigenvalue problems[J]. SIAM J. Sci. Stat. Comp, 1982(3):173-194.

[91] CHANDLER G A. Superconvergence of numerical solutions of second kind integral equations[J]. Ph. D. Thesis, Australia Natl. Univ. , Canberra, 1979.

[92] CHANG P W, FINLAYSSON B A. Orthogonal collocation on finite elements for elliptic equations[J]. Math. Comput. Simulation, 1978(20):83-92.

[93] CHATELIN F. Méthodes d'approximation des valeurs propres d'opérateurs linéaires dans un espace de Banach[J]. I. Critère de stabilité. C. R. Hebd. Séances Acad. Sci. Ser. A, 1970a(271):949-952.

[94] CHATELIN F. II Bornes d'eereur[J]. C. R. Hebd. Séances Acad. Sci. Ser. A, 1970b(271):1006-1009.

[95] CHATELIN F. Etude de la stabilité de méthodes d'approximation des éléments propres d'opérateurs linéaires[J]. C. R. Hebd. Séances Acad. Sci. Ser. A, 1971a(272):673-675.

[96] CHATELIN F. Etude de la continuité du spectre d'un opérateur linéaire[J]. C. R. Hebd. Séances Acad. Sci. Ser. A, 1972a(274):328-331.

[97] CHATELIN F. Etude de la continuitédu spectre d'un opérateur linéaire[J]. C. R. Hebd. Séances Acad. Sci. Ser. A, 1972a(274):328-331.

[98] CHATELIN F. Error bounds in QR and Jacobi algorithms applied to hermitian or normal matrices[J]. Information Processing 71, Vol. 2, pp. 1254-1257. North-Holland Publ. , Amsterdam, 1972b.

[99] CHATELIN F. Convergence of aapproximate methods to compute eigenelements of linear operators[J]. SIAM J. Numer. Anal, 1973(10):939-948.

[100] CHATELIN F. La méthode de Galerkin. Ordre de convergence des éléments propres[J]. C. R. Hebd. Séances Acad. Sci. Ser. A, 1975(278):1213-1215.

[101] CHATELIN F. Numerical computation of the eigenelements of linear intergral operators by iterations[J]. SIAM J. Numer. Anal., 1978(15):112-1124.

[102] CHATELIN F. Sur les bornes d'erreur a posteriori pour les éléments propres d'opérateurs linéaires[J]. Numer. Math, 1979(32):233-246.

[103] CHATELIN F. The spectral approximation of linear operators with applications to the computation of eigenelements of differential and integral operators [J]. SIAM Rev, 1981(23):459-522.

[104] CHATELIN F. A posteriori bounds for the eigenvalues of matrices[M]. Computing (to appear), 1983.

[105] CHATELIN F, LEBBAR R. The iterated projection solution for the Fredholm integral equation of second kind[J]. J. Austral. Math. Soc. Ser. B, 1981(22):443-455(Special issue on integral equations).

[106] CHATELIN F, LEBBAR R. Superconvergence results for the iterated projection method applied to a second kind Fredholm integral equation and eigenvalue problem[J]. J. Integral Equations (to appear), 1983.

[107] CHATELIN F, LEMORDANT J. La méthode de Rayleigh-Ritz appliquée à des opérateurs différentiels elliptiques-ordres de convergence des éléments propres[J]. Numer. Math, 1975(23):215-222.

[108] CHATELIN F, LEMORDANT J. Error bounds in the approximation of eigenvalues of differential and integral operators[J]. J. Math. Anal. Appl. 1978(62):257-271.

[109] CHATELIN F, MIRANKER W L. Acceleration by appregaetion of successive approximation methods[J]. Linear Algebra Appl, 1982(43):17-47.

[110] CHATELIN F, MIANKER W L. Aggregation/disaggregation for eigenvalue problems[J]. SIAM J. Numer. Anal. (submitted), 1983.

[111] CHEN N F. The Rayleigh quotient iteration for non-normal matrices[M]. Ph. D. Thesis. Univ. of California. Berkeley, 1975.

[112] CHENEY W. Introduction to approximation theory[M]. New York: McGraw-Hill, 1966

[113] CHEUNG L M, BISHOP D M. The group-coordinate relaxation method for solving the generalized eigenvalue problem for large real symmetric matrices [M]. Comput. Phys. Commun, 1977(12):247-250.

[114] CHRISTIANSEN S, HANSEN E B. Numerical solution of boundary value problems through integral equations[J]. Z. Angew. Math. Mech, 1978 (58):T14-T15.

[115] CHRISTIANSEN J, RUSSEL R D. Error analysis for spline collocation methods with application to knot selection[J]. Math. Comp. 1978(32): 415-419.

[116] CHUK W, SPENCE A. Defered correction for the integral equation eigenvalue problem[J]. J. Austral. Math. Soc. Ser. B, 1981(22):478-490.

[117] CIARLET P B. The finite element method for elliptic problems.[M] North-Holland Publ., Amsterdam, 1978.

[118] CIARLET P B. Introduction à l'analyse numérique matricielle et à l'optimisation[M]. Masson, Paris, 1982.

[119] CIARLET P G, RAVIART P A. General lagrange and hermite interpolation in R^n with applications to finite element methods [J]. Arch. Rational. Mech. Anal., 1972(46):177-199.

[120] CIARLET P G, SCHULZT M H, VARGA R S. Numerical methods of high order accuracy for non-linear boundary value problems[J]. III. Eigenvalue problems. Numer. Math, 1968(12):120-133.

[121] CLINE A K GOLUB G H, PLATZMAN G W. Calculation of normal modes of oceans using a Lanczos method[M]. In Sparse Matrix Computations (J. R. Bunch and D> J. Rose, eds.), New York: Academic Press, 1976: 409-426.

[122] CLINE A K, MOLER C B, STEWART G W, et al. An estimate for the condition number of a matrix[J]. SIAM J. Numer. Anal, 1979(16):368-375.

[123] CLINT M, JENNINGS A. The evaluation of eigenvalues and eigenvectors of real symmetric matrices by simultaneous iterations[J]. Comput. J, 1970 (13):76-80.

[124] CLINT M, JENNINGS A. A Simultaneous iteration method for the unsymmetric eigenvalue problem[J]. J. Inst. Math. Appl, 1971,8:111-121.

[125] CLINT M, JENNINGS A. A simultaneous iteration method for the unsymmetric eigenvalue problem[J]. J. Inst. Math. Appl., 1971,8:111-121.

[126] CODDINGTON E A, LEINSON N. Theory of ordinary differential equations

[M]. New York: McGraw-Hill, 1955.

[127] COLLAT L. Konvergenzbeweis und fehlera- bschätzung für das differenzenverfahren bei eigenwertproblemen gewöhnlicher differen tiglgleichungen zweiter und vierte ordnung[J]. Deutsche Math, 1937(2):189-215.

[128] COLLATZ L. The numerical treatment of differential equations, 3rd ed [M]. Berlin and New York: Springer-Verlag, 1966a.

[129] COLLATZ L. Functional analysis and numerical mathematics[M]. New York: Academic Press, 1966b.

[130] COOPE J A R, SABO D W. A new approach to the determination of several eigenvectors of a large Hermitian matrix[J]. J. Comput. Phys. 1977(23): 404-424.

[131] CORR R B, JENNINGS A. Implementation of simultaneous iteration for vibration analysis[J]. Comput. & Structures, 1973(3):497-507.

[132] CORR R B, JENNINGS A. A simultaneous iteration algorithm for symmetric eigenvalue problems[J]. Internat. J. Numer. Methods Engrg, 1976(10): 647-663.

[133] COURANT R, HIBERT D. Methods of mathematical physics[M]. Vols. 1 and 2. New York: Wiley (Interscience), 1953.

[134] CRANDALL S H. Iterative procedures related to relaxation methods for eigenvalue problems[J]. Proc. Roy. Soc. London Ser. A, 1951(207):416-423.

[135] CRUICKSHANK D M, WRIGHT K. Computable error bounds for polynomial collocation methods[J]. SIAM J. Numer. Anal, 1978(15):134-151.

[136] CUBILLOS P O. On the numerical solution of Fredholm integral equations of the second kind[M]. Ph. D. Thesis, Univ. of Iowa, 1980.

[137] CULLUM J. The simultaneous computation of a few of the algebraically largest and smallest eigenvalues f a large, symmetric, sparse matrix[J]. BIT, 1978(18):265-275.

[138] CULLUM J, DONATH W E. A block Lanczos algorithm for computing the q algebraically larges eigenvalues and a corresponding eigenspace for large, sparse symmetric matrices[J]. Proc. IEEE Conf. Decision Contr., Phoenix. Ariz, 1974:505-509.

[139] CULLUM J, WILLOUGHBY R. The equivalence of the Lanczos and the conjugate gradient algorithms[M]. Tech. Rep. Rc 6903, IBM Research Center. Yorktown Heights, 1977

[140] CULLUM J, WILLOUGHBY R. The Lanczos tridiagonalization and the conjugate gradient with local ε-orthogonality of the Lanczos vectors[M]. Tech. Rep. RC 7152, IBM Research Center, Yorktown Heights, 1978.

[141] CULLUM J, WILLOUGHBY R A. Fast modal analysis of large, sparse but unstructured symmetric matrices[J]. Proc. IEEE Conf. Decision Contr., San Diego, Calif., 1979a:45-53.

[142] CULLUM J, WILLOUGHBY R A. Lanczos and the computation in specifiend intervals of the spectrum of large, sparse real symmetric matrices[M]. In Sparse Matrix Proceedings 1978 (I. S. Duff and G. W. Stewart, eds.), pp. 220-225. SIAM, Philadelphia, Pennsylvania, 1979b.

[143] CULLM J, WILLOUGHBY R A. The Lanczos phenomenon-an interpretation based upon conjugate gradient optimization [J]. Linear Algebra Appl, 1980a(29):63-90.

[144] CULLUM J, WILLOUGHBY R A. Computing eigenvectors (and eigenvalues) of large, symmetric matrices using Lanczos tridiagonali-zation[J]. Proc. Numerical Analysis conf. (G. A. Watson, ed.), Lecture Notes in Mathematics. Vol. 773, pp. 46-63. Berlin and New York: Springer-Verlag, 1980b.

[145] DAHLQUIST G, BJÖRCK A. Numerical methods[M]. Prentice-Hall, Englewood Cliffs, New Jersey, 1974.

[146] Dahmen W. On multivariate B-splines[J]. SIAM J. Numer. Anal. 1980 (17):179-191.

[147] D'ALMEIDA F. Etude numérique de la stabilité dynamique des modèles macroéconomiques-Logiciel pour MODULECO [M]. Thèse 3ème Cycle, Univ. de Grenoble, 1980.

[148] DANIEL J W, GRAGG W B, KAUFMAN L, et al. Reorthogonalization and stable algorithms for updating the Gram-Schmidt QR factorization[J]. Math. Comp, 1976(30):772-795.

[149] DAVIDOSN E R. The iterative calculation of a few of the lowest eigenvalues and corresponding eigenvectors of large real symmetric matrices[J]. J. Comput. Phys, 1975(17):87-94.

[150] DAVIS C. The rotation of eigenvectors by a perturbation[J]. I. J. Math. Anal. Appl, 1963(6):159-173

[151] DAVIS C. The rotation of eigenvectors by a perturbation[J] II. J. Math. Anal. Appl, 1965(11):10-27.

[152] DAVIS C, KAHAN W. The rotation of eigenvectors by a perturbation[J]. III. SIAM J. Numer. Anal, 1968(7):1-46.

[153] DAVIS C, KAHAN W, WEINBERGER H. Norm preserving dilations and their applications to Optimal error bounds. SIAM J[J]. Numer. Anal., 1982(19):445-469.

[154] DAVIS G J, MOLER C B. Sensitivity of matrix eigenvalues[J]. Internat. J. Numer. Methods Engrg., 1978(12):1367-1373.

[155] DAVIS P J, RABINOWITZ P. Methods of Numerical Integration[M]. New York: Academic Press, 1974.

[156] DAY W B. More bounds for eigenvalues[J]. J. Math. Anal. Appl, 1974(46):523-532.

[157] DEAN P. The spectral distribution of a Jacobian matrix[J]. Proc. Cambridge Phil. Soc., 1956(52):752-755.

[158] DEAN P. Vibratioanl spectra of diatomic chains[J]. Proc. Roy. Soc. Ser. A, 1960(254):507-521.

[159] DEAN P. Vibrations of glass-like disordered chains[J]. Proc. Phys. Soc., 1964(84):727-744.

[160] DEAN P. The constrained quantum mechanical harmonic oscillator[J]. Proc. Phys. Soc., 1966(62):277-286.

[161] DEAN P. Atomic vibrations in solids[J]. J. Inst. Math. Appl., 1967(3):98-165.

[162] DEAN P. The vibrational probperties of disordered systems: numerical studies[J]. Rev. Modern Phys., 1972(44):127-168.

[163] DE BOOR C. On uniform approximation by splines[J]. J. Approx. Theory, 1968(1):219-235.

[164] DE BOOR C. On calculation with B-splines[J]. J. Approx. Theory 1972(6):50-62.

[165] DE BOOR C. A bound on the L_∞-norm of $L2$-approximation by splines in terms of a global mesh ratio[J]. Math. Comp., 1976(30):765-771.

[166] DO BOOR C, RICE J R. An adaptive algorithm for multivariate approximation giving optimal convergence rates[J]. J. Approx. Theory, 1979(25):337-39.

[167] DE BOOR C, SWARTZ B. Collocation at Gaussian poins[J]. SIAM J. Numer. Anal., 1973(10):582-606.

[168] DE BOOR C, SWARTZ B. Comments on the comparixon of global methods

for linear two-point boundary value problems[J]. Math. Comp. 1977(31): 916-921.

[169] DE BOOR C, SWARTZ B. Collocation approximation to eigen-values of an ordinary differential equation: The principle of the thing[J]. Math. Comp. 1980(35):679-694.

[170] DE BOOR C, SWARTZ B. Collocation approximation to eigenvalues of an ordinary differential equation: numerical illustrations[J]. Math. Comp., 1981a(36):1-19.

[171] DE BOOR C, SWARTZ B. Local piecewise polynomial projection methods for an ode which give high order convergence at knots[J]. Math. Comp., 1981b(36):21-33.

[172] DEHESA J S. The asymptotic eigenvalue density of rational Jacobi matrices [J]. I. J. Phys. A, 1978(9):223-226.

[173] DEHESA J S. The eigenvalue density of rational Jacobi matrices[J]. II. Linear Algebra Appl, 1980(33):41-55.

[174] DE HOOG F R, WEISS R. Asymptotic expansions for product integration [J]. Math. Comp., 1973(27):295-306.

[175] DELVES L M, ABD-ELAL L F. The fast Galerkin algorithm for the solution of linear Fredholm equations, algorithm 97[J]. Comput. J., 1977(20): 374-376.

[176] DELVES L M, WALSH J, EDS. Numerical solution of integral equations [M]. Oxford Univ. Press (Clarendon), London and New York, 1974.

[177] DELVES L M, ABD-ELAL L F, HENDRY J A. A fast Galerkin algorithm for singular kernel equations[J]. J. Inst. Math. Appl., 1979(23):139-166.

[178] DE PREE J D, HIGGINS J A. Collectively compact sets of linear operators [J]. Math. Zeitschrift, 1970(115):366-370.

[179] DE PREE J D, KLEIN H S. Characterization of collectively compact sets of linear operators[J]. Pacif. J. Math., 1974(55):45-54.

[180] DESCLOUX J. Error bounds for an isolated eigenvalue obtained by the Galerkin method[J]. J. Appl. Math. Phys., 1979(30):167-176.

[181] DESCLOUX J. Essential numerical range of an operator with respect to a coercive form and the approximation of its spectrum by the Galerkin method [J]. SIAM J. Numer. Anal. 1981(18):1128-1133.

[182] DESCLOUX J, GEYMONAT G. On the essential spectrum of an operator

relative to the stability of a plasma in toroidal geometry[M]. Rep. Math. Dept., Ecole Polytechn. Féd. de Lausanne, 1979.

[183] DESCLOUX J, NASSIF N R. Stability analysis with error estimates for the approximation of the spectrum of self-adjoint operators on unbounded domains by finite element and finite difference methods[M]. Application to Schrödinger's equatkon. Rep. Math. Dept., Ecole Polytechn. Fed. de Lausanne, 1982.

[184] DESCLOUX J, TOLLEY M D. Approximation of the poisson problem and of the eigenvalue problem for the Laplace operator by the method of the large singular finite elements[M]. Res. Rep. No. 81-01, Angew. Math., Eidg. Techn. Hochschule Zürich, 1981.

[185] DESCLOUX J, NASSIF N, RAPPAZ J. Various results on spectral approximation[M]. Rep. Math. Dept., Ecole Polytechn. Féd. de Lausanne, 1977.

[186] DESCLOUX J, NASSIF N, RAPPAZ J. On spectral approxi-mation. Part 1 [J]. The problem of convergence. RAIRO Anal. Numér. 1978a(12):97-112.

[187] DESCLOUX J, NASSIF N, RAPPAZ J. Part 2, Error estimates for the Galerkin method, RAIRO Anal[J]. Numér, 1978b(12):113-119.

[188] DESCLOUX J, LUSKIN M, RAPPAZ J. Approximation of the spectrum of closed operators-The determination of normal modes of a rotating basin[J]. Math. Comp., 1981(36):137-154.

[189] DIAZ J B, METCALF F T. A functional equation for the Ray leigh quotient for eigenvalues, and some applications[J]. J. Math. Mech., 1968(17):623-630.

[190] DIETRICH G. On the efficient and accurate solution of the skew-symmetric elgenvalue problem. An arrangement of new and alrady known algorithmic formulations[J]. Comput. Methods Appl. Mech. Engrg., 1978(14):209-235.

[191] DIEUDONNÉ J. Foundations of modern analysis[M]. New York: Academic Press, 1960.

[192] DOMB C, MARADUDIN A A, MONTROLL E W, et al. Vibration frequency of spectra of disordered lattices[J]. I. Moments of the spectra for disordered linear chains. Phys. Rev. 1959a(115):18-24; II. Spectra of disordered one-dimensional lattices. Phys. Rev., 1959a(115):24-34.

[193] DOMB C, MARADUDIN A A, MONTROLL E W, et al. The vibration spectra of disordered lattices[J]. J. Phys. Chem. Solids, 1959b(3):419-422.

[194] DONGARRA J J, MOLER C B, BUNCH J R, et al. Linpack user's guide[M]. SIAM, Philadelphia, Pennsylvania, 1979.

[195] DONGARRA J J, MOLER C B, WILKINSON J H. Improving the accuracy of computed eigenvalues and eigenvectors[M]. Tech. Rep. ANL 81-43, Argonne Nat. Lab., Illionois, 1981.

[196] DOUGLAS J, DUPONT T. Superconvergence for Galerkin methods for the two point boundary problem via local projections[J]. Numer. Math., 1973 (21):270-278.

[197] DOUGLAS J, DUPONT T. Galerkin approximations for the two point boundary problem using continuous piecewise polynomial spaces[J]. Numer. Math., 1974(22):99-109.

[198] DOUGLAS J, DUPONT T, WHEELER M F. An L^∞-estimate and a superconvergence result for a Galerkin method for elliptic equations based on tensor products of piecewise polynomials[J]. RAIRO Anal. Numér., 1974 (2):61-66.

[199] DOWSON H R. Spectral theory of linear operators[M]. New York: Academic Press, 1975.

[200] DOWSON H R. Spectral theory of linear operators[M]. New York: Academic Press, 1978.

[201] DUFF J S. A survey of sparse matrix research[J]. Proc. IEEE, 1977 (65):500-535.

[202] DUFF I S, ED. Conjugate gradient methods and similar techniques[M]. Tech. Rep. R-9636, AERE Harwell, 1979.

[203] DUFF I S. Recent developments in the solution of large sparse linear equations[J]. In Computing Methods in Appled Sciences and Engineering (R. Glowinski and J. L. Lions, eds.), North Hoiland Publ., Amsterdam, 1980:407-426.

[204] DUFF I S. A sparse future. In sparse matrices and their uses[M]. (I. S. Duff, ed.). New York: Academic Press, 1981.

[205] DUFF I S. A survey of sparse matrix software[M]. Report CSS 21, AERE Harwell. To appear in Sources and Development of Mathematical Software (W. R. Cowell, ed.). Prentice-Hall, Englewood Cliffs, New Jersey,

1982.

[206] DUFF I S, REID J K. On the reduction of sparse matrices to condensed forms by similarity transformations[J]. J. Inst. Math. Appl., 1975(15): 217-214.

[207] DUFF I S, REID J K. Performance evaluation of codes for sparse matrix problems[M]. In Performance Evaluation of Numerical Software (L. D. Fosdick, ed.), pp. 121-135. North-Holland Publ., Amsterdam, 1979.

[208] DUMONT-LEPAGE M C, GANI N, GAZEAU J P, et al. Spectrum of potentials $gr^{-(S+2)}$ via SL(2,R) acting on quaternions[J]. J. Phys. A, 1980 (13):1243-1257.

[209] DUNFORD N, SCHWARTZ J T. Linear Operators. Part I: General Theory [M]. New York: Wiley (Interscience), 1958.

[210] DUNFORD N, SCHWARTZ J T. Linear Operators. Part II: Spectral Theory, Selfadjoint Operators in Hilbert Spaces[M]. New York: Wiley (Interscience), 1963.

[211] DUPONT T. A unified theory of superconvergence for Galerkin methods for two-point boundary problems[J]. SIAM J. Numer. Anal., 1976(13):362-368.

[212] EDWARDS J T, LICCIARDELLO D C, THOULESS D J. Use of the Lanczos method for finding complete sets of eigenvalues of large sparse matrices [J]. J. Inst. Math. Appl., 1979(23):277-283.

[213] EGGERMONT P P. Collocation as a projection method and superconvergence for Volterra integral equations of the first kind[M]. Rep. Math. Dept., Univ. of Delaware, 1982a.

[214] EGGERMONT P P. Collocation for Volterra integral equations of the first kind with iterated kernel[J]. Rep. Math. Dept., Univ. of Delaware, 1982b.

[215] EINARSSON B. Bibliography on the evaluation of numerical software[J]. J. Commput. Appl. math., 1979(5):145-159.

[216] ELMAN H. Iterative methods for large, sparse nonsymmetric systems of linear equations[M]. Res. Rep. No. 229. COmputer Science Dept., Yale Univ., Connecticut, 1982.

[217] Erdelyi I. An iteratie least square algorithm suitable for computing partial eigensystems[J]. SIAM J. Numer. Anal., 1965(2):421-436.

[218] ERDÖS P, FELDHEIM E. Sur le mode de convergence de I'interpolation

de Lagrance[J]. C. R. Hebd. Séances Acad. Sci., 1936(203):913-915.

[219] EVEQUOZ, H. Approximation spectrale liée à l'étude de la stabilité magnétohydrodynamique d'un plasma par une méthode d'élémetnts finis non conformes[M]. Thèse Math. Dept., Ecole Polytechn. Péd. de Lausanne, 1980.

[220] EVEQUOZ H, JACCARD Y. A nonconforming finite element method to compute the spectrum of an operator relative to the stability of a plasma in toroidal geometry[J]. Numer. Math., 1981(36):455-465.

[221] FADDEEV D K, FADDEEVA V N. Computational methods of linear algebra. freeman[M]. San Francisco, California, 1963.

[222] FAIRWEATHER G. Finite element galerkin methods for differential equations[M]. New York: Dekker, 1978.

[223] FAN K. On a theorem of Weyl concerning eigenvalues of linear transformations[J]. Proc. Nat. Acad. Sci. USA, 1949(35):652-655.

[224] FELER M G. Calculation of eigenvectors of large matrices[J]. J. Comput. Phys., 1974(14):341-349.

[225] FENNÊR T I, LOIZOU G. Some new bounds on the condition numbers of optimally scaled matrices[J]. J. Assoc. Comput. Mach., 1974(21):514-524.

[226] FICHERA G. Numerical and ouantitative analysis[M]. Pitman, London, 1978.

[227] FIEDLER M, PTÁK V. Estimates and iteration procedures for proper values of almost decomposable matrices[J]. Czechoslovak Math. J., 1964(39):593-608.

[228] FINLAYSSON B A. The method of weighted residuals[M]. New York: Academic Press, 1972.

[229] FIX G J. Effects of quadrature errors in finite element approximation of steady state, eigenvalue and parabolic problems[M]. In The Mathematical Foundations of the Finite Element Method with Applications to Partial Differential Equations (A. K. Aziz, ed.), New York: Academic Press, 1972:525-556.

[230] FIX G J. Eigenvalue approximation by the finite element method[J]. Adv. in Math., 1973(10):300-316.

[231] FIX G J. Hybrid finite element methods[J]. SIAM Rev, 1976(18):460-484.

[232] FIX G J，HEIBERGER R. An algorithm for the ill-conditioned generalized eigenvalue problem[J]. SIAM J. Nummer. Anal.，1972(9):78-88.

[233] FORSYTHE G E，HENRICI P. The cyclic Jacobi method for computing the principal values of a complex matrix[J]. Trans. Amer. Math. Soc.，1960(94):1-23.

[234] FORSYTHE G E，WASOW W. Finite difference methods for partial differential equations[M]. New York：Wiley (Interscience)，1960.

刘培杰数学工作室
已出版(即将出版)图书目录——初等数学

书 名	出版时间	定 价	编号
新编中学数学解题方法全书(高中版)上卷(第2版)	2018—08	58.00	951
新编中学数学解题方法全书(高中版)中卷(第2版)	2018—08	68.00	952
新编中学数学解题方法全书(高中版)下卷(一)(第2版)	2018—08	58.00	953
新编中学数学解题方法全书(高中版)下卷(二)(第2版)	2018—08	58.00	954
新编中学数学解题方法全书(高中版)下卷(三)(第2版)	2018—08	68.00	955
新编中学数学解题方法全书(初中版)上卷	2008—01	28.00	29
新编中学数学解题方法全书(初中版)中卷	2010—07	38.00	75
新编中学数学解题方法全书(高考复习卷)	2010—01	48.00	67
新编中学数学解题方法全书(高考真题卷)	2010—01	38.00	62
新编中学数学解题方法全书(高考精华卷)	2011—03	68.00	118
新编平面解析几何解题方法全书(专题讲座卷)	2010—01	18.00	61
新编中学数学解题方法全书(自主招生卷)	2013—08	88.00	261
数学奥林匹克与数学文化(第一辑)	2006—05	48.00	4
数学奥林匹克与数学文化(第二辑)(竞赛卷)	2008—01	48.00	19
数学奥林匹克与数学文化(第二辑)(文化卷)	2008—07	58.00	36'
数学奥林匹克与数学文化(第三辑)(竞赛卷)	2010—01	48.00	59
数学奥林匹克与数学文化(第四辑)(竞赛卷)	2011—08	58.00	87
数学奥林匹克与数学文化(第五辑)	2015—06	98.00	370
世界著名平面几何经典著作钩沉——几何作图专题卷(共3卷)	2022—01	198.00	1460
世界著名平面几何经典著作钩沉(民国平面几何老课本)	2011—03	38.00	113
世界著名平面几何经典著作钩沉(建国初期平面三角老课本)	2015—08	38.00	507
世界著名解析几何经典著作钩沉——平面解析几何卷	2014—01	38.00	264
世界著名数论经典著作钩沉(算术卷)	2012—01	28.00	125
世界著名数学经典著作钩沉——立体几何卷	2011—02	28.00	88
世界著名三角学经典著作钩沉(平面三角卷Ⅰ)	2010—06	28.00	69
世界著名三角学经典著作钩沉(平面三角卷Ⅱ)	2011—01	38.00	78
世界著名初等数论经典著作钩沉(理论和实用算术卷)	2011—07	38.00	126
世界著名几何经典著作钩沉(解析几何卷)	2022—10	68.00	1564
发展你的空间想象力(第3版)	2021—01	98.00	1464
空间想象力进阶	2019—05	68.00	1062
走向国际数学奥林匹克的平面几何试题诠释.第1卷	2019—07	88.00	1043
走向国际数学奥林匹克的平面几何试题诠释.第2卷	2019—09	78.00	1044
走向国际数学奥林匹克的平面几何试题诠释.第3卷	2019—03	78.00	1045
走向国际数学奥林匹克的平面几何试题诠释.第4卷	2019—09	98.00	1046
平面几何证明方法全书	2007—08	48.00	1
平面几何证明方法全书习题解答(第2版)	2006—12	18.00	10
平面几何天天练上卷·基础篇(直线型)	2013—01	58.00	208
平面几何天天练中卷·基础篇(涉及圆)	2013—01	28.00	234
平面几何天天练下卷·提高篇	2013—01	58.00	237
平面几何专题研究	2013—07	98.00	258
平面几何解题之道.第1卷	2022—05	38.00	1494
几何学习题集	2020—10	48.00	1217
通过解题学习代数几何	2021—04	88.00	1301
圆锥曲线的奥秘	2022—06	88.00	1541

刘培杰数学工作室
已出版(即将出版)图书目录——初等数学

书　名	出版时间	定　价	编号
最新世界各国数学奥林匹克中的平面几何试题	2007—09	38.00	14
数学竞赛平面几何典型题及新颖解	2010—07	48.00	74
初等数学复习及研究(平面几何)	2008—09	68.00	38
初等数学复习及研究(立体几何)	2010—06	38.00	71
初等数学复习及研究(平面几何)习题解答	2009—01	58.00	42
几何学教程(平面几何卷)	2011—03	68.00	90
几何学教程(立体几何卷)	2011—07	68.00	130
几何变换与几何证题	2010—06	88.00	70
计算方法与几何证题	2011—06	28.00	129
立体几何技巧与方法(第2版)	2022—10	168.00	1572
几何瑰宝——平面几何500名题暨1500条定理(上、下)	2021—07	168.00	1358
三角形的解法与应用	2012—07	18.00	183
近代的三角形几何学	2012—07	48.00	184
一般折线几何学	2015—08	48.00	503
三角形的五心	2009—06	28.00	51
三角形的六心及其应用	2015—10	68.00	542
三角形趣谈	2012—08	28.00	212
解三角形	2014—01	28.00	265
探秘三角形:一次数学旅行	2021—10	68.00	1387
三角学专门教程	2014—09	28.00	387
图天下几何新题试卷.初中(第2版)	2017—11	58.00	855
圆锥曲线习题集(上册)	2013—06	68.00	255
圆锥曲线习题集(中册)	2015—01	78.00	434
圆锥曲线习题集(下册·第1卷)	2016—10	78.00	683
圆锥曲线习题集(下册·第2卷)	2018—01	98.00	853
圆锥曲线习题集(下册·第3卷)	2019—10	128.00	1113
圆锥曲线的思想方法	2021—08	48.00	1379
圆锥曲线的八个主要问题	2021—10	48.00	1415
论九点圆	2015—05	88.00	645
论圆的几何学	2024—06	48.00	1736
近代欧氏几何学	2012—03	48.00	162
罗巴切夫斯基几何学及几何基础概要	2012—07	28.00	188
罗巴切夫斯基几何学初步	2015—06	28.00	474
用三角、解析几何、复数、向量计算解数学竞赛几何题	2015—03	48.00	455
用解析法研究圆锥曲线的几何理论	2022—05	48.00	1495
美国中学几何教程	2015—04	88.00	458
三线坐标与三角形特征点	2015—04	98.00	460
坐标几何学基础.第1卷,笛卡儿坐标	2021—08	48.00	1398
坐标几何学基础.第2卷,三线坐标	2021—09	28.00	1399
平面解析几何方法与研究(第1卷)	2015—05	28.00	471
平面解析几何方法与研究(第2卷)	2015—06	38.00	472
平面解析几何方法与研究(第3卷)	2015—07	28.00	473
解析几何研究	2015—01	38.00	425
解析几何学教程.上	2016—01	38.00	574
解析几何学教程.下	2016—01	38.00	575
几何学基础	2016—01	58.00	581
初等几何研究	2015—02	58.00	444
十九和二十世纪欧氏几何学中的片段	2017—01	58.00	696
平面几何中考.高考.奥数一本通	2017—07	28.00	820
几何学简史	2017—08	28.00	833
四面体	2018—01	48.00	880
平面几何证明方法思路	2018—12	68.00	913
折纸中的几何练习	2022—09	48.00	1559
中学新几何学(英文)	2022—10	98.00	1562
线性代数与几何	2023—04	68.00	1633

刘培杰数学工作室
已出版(即将出版)图书目录——初等数学

书　　名	出版时间	定　价	编号
四面体几何学引论	2023—06	68.00	1648
平面几何图形特性新析.上篇	2019—01	68.00	911
平面几何图形特性新析.下篇	2018—06	88.00	912
平面几何范例多解探究.上篇	2018—04	48.00	910
平面几何范例多解探究.下篇	2018—12	68.00	914
从分析解题过程学解题：竞赛中的几何问题研究	2018—07	68.00	946
从分析解题过程学解题：竞赛中的向量几何与不等式研究(全2册)	2019—06	138.00	1090
从分析解题过程学解题：竞赛中的不等式问题	2021—01	48.00	1249
二维、三维欧氏几何的对偶原理	2018—12	38.00	990
星形大观及闭折线论	2019—03	68.00	1020
立体几何的问题和方法	2019—11	58.00	1127
三角代换论	2021—05	58.00	1313
俄罗斯平面几何问题集	2009—08	88.00	55
俄罗斯立体几何问题集	2014—03	58.00	283
俄罗斯几何大师——沙雷金论数学及其他	2014—01	48.00	271
来自俄罗斯的5000道几何习题及解答	2011—03	58.00	89
俄罗斯初等数学问题集	2012—05	38.00	177
俄罗斯函数问题集	2011—03	38.00	103
俄罗斯组合分析问题集	2011—01	48.00	79
俄罗斯初等数学万题选——三角卷	2012—11	38.00	222
俄罗斯初等数学万题选——代数卷	2013—08	68.00	225
俄罗斯初等数学万题选——几何卷	2014—01	68.00	226
俄罗斯《量子》杂志数学征解问题100题选	2018—08	48.00	969
俄罗斯《量子》杂志数学征解问题又100题选	2018—08	48.00	970
俄罗斯《量子》杂志数学征解问题	2020—05	48.00	1138
463个俄罗斯几何老问题	2012—01	28.00	152
《量子》数学短文精粹	2018—09	38.00	972
用三角、解析几何等计算解来自俄罗斯的几何题	2019—11	88.00	1119
基谢廖夫平面几何	2022—01	48.00	1461
基谢廖夫立体几何	2023—04	48.00	1599
数学：代数、数学分析和几何(10—11年级)	2021—01	48.00	1250
直观几何学：5—6年级	2022—04	58.00	1508
几何学：第2版.7—9年级	2023—08	68.00	1684
平面几何：9—11年级	2022—10	48.00	1571
立体几何.10—11年级	2022—01	58.00	1472
几何快递	2024—05	48.00	1697

书　名	出版时间	定　价	编号
谈谈素数	2011—03	18.00	91
平方和	2011—03	18.00	92
整数论	2011—05	38.00	120
从整数谈起	2015—10	28.00	538
数与多项式	2016—01	38.00	558
谈谈不定方程	2011—05	28.00	119
质数漫谈	2022—07	68.00	1529

书　名	出版时间	定　价	编号
解析不等式新论	2009—06	68.00	48
建立不等式的方法	2011—03	98.00	104
数学奥林匹克不等式研究(第2版)	2020—07	68.00	1181
不等式研究(第三辑)	2023—08	198.00	1673
不等式的秘密(第一卷)(第2版)	2014—02	38.00	286
不等式的秘密(第二卷)	2014—01	38.00	268
初等不等式的证明方法	2010—06	38.00	123
初等不等式的证明方法(第二版)	2014—11	38.00	407
不等式·理论·方法(基础卷)	2015—07	38.00	496
不等式·理论·方法(经典不等式卷)	2015—07	38.00	497
不等式·理论·方法(特殊类型不等式卷)	2015—07	48.00	498
不等式探究	2016—03	38.00	582
不等式探秘	2017—01	88.00	689

刘培杰数学工作室
已出版(即将出版)图书目录——初等数学

书 名	出版时间	定 价	编号
四面体不等式	2017-01	68.00	715
数学奥林匹克中常见重要不等式	2017-09	38.00	845
三正弦不等式	2018-09	98.00	974
函数方程与不等式:解法与稳定性结果	2019-04	68.00	1058
数学不等式.第1卷,对称多项式不等式	2022-05	78.00	1455
数学不等式.第2卷,对称有理不等式与对称无理不等式	2022-05	88.00	1456
数学不等式.第3卷,循环不等式与非循环不等式	2022-05	88.00	1457
数学不等式.第4卷,Jensen不等式的扩展与加细	2022-05	88.00	1458
数学不等式.第5卷,创建不等式与解不等式的其他方法	2022-05	88.00	1459
不定方程及其应用.上	2018-12	58.00	992
不定方程及其应用.中	2019-01	78.00	993
不定方程及其应用.下	2019-02	98.00	994
Nesbitt不等式加强式的研究	2022-06	128.00	1527
最值定理与分析不等式	2023-02	78.00	1567
一类积分不等式	2023-02	88.00	1579
邦费罗尼不等式及概率应用	2023-05	58.00	1637
同余理论	2012-05	38.00	163
[x]与{x}	2015-04	48.00	476
极值与最值.上卷	2015-06	28.00	486
极值与最值.中卷	2015-06	38.00	487
极值与最值.下卷	2015-06	28.00	488
整数的性质	2012-11	38.00	192
完全平方数及其应用	2015-08	78.00	506
多项式理论	2015-10	88.00	541
奇数、偶数、奇偶分析法	2018-01	98.00	876
历届美国中学生数学竞赛试题及解答(第一卷)1950—1954	2014-07	18.00	277
历届美国中学生数学竞赛试题及解答(第二卷)1955—1959	2014-04	18.00	278
历届美国中学生数学竞赛试题及解答(第三卷)1960—1964	2014-06	18.00	279
历届美国中学生数学竞赛试题及解答(第四卷)1965—1969	2014-04	28.00	280
历届美国中学生数学竞赛试题及解答(第五卷)1970—1972	2014-06	18.00	281
历届美国中学生数学竞赛试题及解答(第六卷)1973—1980	2017-07	18.00	768
历届美国中学生数学竞赛试题及解答(第七卷)1981—1986	2015-01	18.00	424
历届美国中学生数学竞赛试题及解答(第八卷)1987—1990	2017-05	18.00	769
历届国际数学奥林匹克试题集	2023-09	158.00	1701
历届中国数学奥林匹克试题集(第3版)	2021-10	58.00	1440
历届加拿大数学奥林匹克试题集	2012-08	38.00	215
历届美国数学奥林匹克试题集	2023-08	98.00	1681
历届波兰数学竞赛试题集.第1卷,1949~1963	2015-03	18.00	453
历届波兰数学竞赛试题集.第2卷,1964~1976	2015-03	18.00	454
历届巴尔干数学奥林匹克试题集	2015-05	38.00	466
历届CGMO试题及解答	2024-03	48.00	1717
保加利亚数学奥林匹克	2014-10	38.00	393
圣彼得堡数学奥林匹克试题集	2015-01	38.00	429
匈牙利奥林匹克数学竞赛题解.第1卷	2016-05	28.00	593
匈牙利奥林匹克数学竞赛题解.第2卷	2016-05	28.00	594
历届美国数学邀请赛试题集(第2版)	2017-10	78.00	851
全美高中数学竞赛:纽约州数学竞赛(1989—1994)	2024-08	48.00	1740
普林斯顿大学数学竞赛	2016-06	38.00	669
亚太地区数学奥林匹克竞赛题	2015-07	18.00	492
日本历届(初级)广中杯数学竞赛试题及解答.第1卷(2000~2007)	2016-05	28.00	641
日本历届(初级)广中杯数学竞赛试题及解答.第2卷(2008~2015)	2016-05	38.00	642
越南数学奥林匹克题选:1962—2009	2021-07	48.00	1370
欧洲女子数学奥林匹克	2024-04	48.00	1723
360个数学竞赛问题	2016-08	58.00	677

刘培杰数学工作室
已出版(即将出版)图书目录——初等数学

书　　名	出版时间	定　价	编号
奥数最佳实战题.上卷	2017—06	38.00	760
奥数最佳实战题.下卷	2017—05	58.00	761
解决问题的策略	2024—08	48.00	1742
哈尔滨市早期中学数学竞赛试题汇编	2016—07	28.00	672
全国高中数学联赛试题及解答:1981—2019(第4版)	2020—07	138.00	1176
2024年全国高中数学联合竞赛模拟题集	2024—01	38.00	1702
20世纪50年代全国部分城市数学竞赛试题汇编	2017—07	28.00	797
国内外数学竞赛题及精解:2018~2019	2020—08	45.00	1192
国内外数学竞赛题及精解:2019~2020	2021—11	58.00	1439
许康华竞赛优学精选集.第一辑	2018—08	68.00	949
天问叶班数学问题征解100题.Ⅰ,2016—2018	2019—05	88.00	1075
天问叶班数学问题征解100题.Ⅱ,2017—2019	2020—07	98.00	1177
美国初中数学竞赛:AMC8准备(共6卷)	2019—07	138.00	1089
美国高中数学竞赛:AMC10准备(共6卷)	2019—08	158.00	1105
王连笑教你怎样学数学:高考选择题解题策略与客观题实用训练	2014—01	48.00	262
王连笑教你怎样学数学:高考数学高层次讲座	2015—02	48.00	432
高考数学的理论与实践	2009—08	38.00	53
高考数学核心题型解题方法与技巧	2010—01	28.00	86
高考思维新平台	2014—03	38.00	259
高考数学压轴题解题诀窍(上)(第2版)	2018—01	58.00	874
高考数学压轴题解题诀窍(下)(第2版)	2018—01	48.00	875
突破高考数学新定义创新压轴题	2024—08	88.00	1741
北京市五区文科数学三年高考模拟题详解:2013~2015	2015—08	48.00	500
北京市五区理科数学三年高考模拟题详解:2013~2015	2015—09	68.00	505
向量法巧解数学高考题	2009—08	28.00	54
高中数学课堂教学的实践与反思	2021—11	48.00	791
数学高考参考	2016—01	78.00	589
新课程标准高考数学解答题各种题型解法指导	2020—08	78.00	1196
全国及各省市高考数学试题审题要津与解法研究	2015—02	48.00	450
高中数学章节起始课的教学研究与案例设计	2019—05	28.00	1064
新课标高考数学——五年试题分章详解(2007~2011)(上、下)	2011—10	78.00	140,141
全国中考数学压轴题审题要津与解法研究	2013—04	78.00	248
新编全国及各省市中考数学压轴题审题要津与解法研究	2014—05	58.00	342
全国及各省市5年中考数学压轴题审题要津与解法研究(2015版)	2015—04	58.00	462
中考数学专题总复习	2007—04	28.00	6
中考数学较难题常考题型解题方法与技巧	2016—09	48.00	681
中考数学难题常考题型解题方法与技巧	2016—09	48.00	682
中考数学中档题常考题型解题方法与技巧	2017—08	68.00	835
中考数学选择填空压轴好题妙解365	2024—01	80.00	1698
中考数学:三类重点考题的解法例析与习题	2020—04	48.00	1140
中小学数学的历史文化	2019—11	48.00	1124
小升初衔接数学	2024—06	68.00	1734
赢在小升初——数学	2024—08	78.00	1739
初中平面几何百题多思创新解	2020—01	58.00	1125
初中数学中考备考	2020—01	58.00	1126
高考数学之九章演义	2019—08	68.00	1044
高考数学之难题谈笑间	2022—06	68.00	1519
化学可以这样学:高中化学知识方法智慧感悟疑难辨析	2019—07	58.00	1103
如何成为学习高手	2019—09	58.00	1107
高考数学:经典真题分类解析	2020—04	78.00	1134
高考数学解答题破解策略	2020—11	58.00	1221
从分析解题过程学解题:高考压轴题与竞赛题之关系探究	2020—08	88.00	1179
从分析解题过程学解题:数学高考与竞赛的互联互通探究	2024—06	88.00	1735
教学新思考:单元整体视角下的初中数学教学设计	2021—03	58.00	1278
思维再拓展:2020年经典几何问题的多解探究与思考	即将出版		1279
中考数学小压轴汇编初讲	2017—07	48.00	788
中考数学大压轴专题微言	2017—09	48.00	846

— 5 —

刘培杰数学工作室
已出版(即将出版)图书目录——初等数学

书　名	出版时间	定　价	编号
怎么解中考平面几何探索题	2019—06	48.00	1093
北京中考数学压轴题解题方法突破(第9版)	2024—01	78.00	1645
助你高考成功的数学解题智慧:知识是智慧的基础	2016—01	58.00	596
助你高考成功的数学解题智慧:错误是智慧的试金石	2016—04	58.00	643
助你高考成功的数学解题智慧:方法是智慧的推手	2016—04	68.00	657
高考数学奇思妙解	2016—04	38.00	610
高考数学解题策略	2016—05	48.00	670
数学解题泄天机(第2版)	2017—10	48.00	850
高中物理教学讲义	2018—01	48.00	871
高中物理教学讲义:全模块	2022—03	98.00	1492
高中物理答疑解惑65篇	2021—11	48.00	1462
中学物理基础问题解析	2020—08	48.00	1183
初中数学、高中数学脱节知识补缺教材	2017—06	48.00	766
高考数学客观题解题方法和技巧	2017—10	38.00	847
十年高考数学精品试题审题要津与解法研究	2021—10	98.00	1427
中国历届高考数学试题及解答.1949—1979	2018—01	38.00	877
历届中国高考数学试题及解答.第二卷,1980—1989	2018—10	28.00	975
历届中国高考数学试题及解答.第三卷,1990—1999	2018—10	48.00	976
跟我学解高中数学题	2018—07	58.00	926
中学数学研究的方法及案例	2018—05	58.00	869
高考数学抢分技能	2018—07	68.00	934
高一新生常用数学方法和重要数学思想提升教材	2018—06	38.00	921
高考数学全国卷六道解答题常考题型解题诀窍:理科(全2册)	2019—07	78.00	1101
高考数学全国卷16道选择、填空题常考题型解题诀窍.理科	2018—09	88.00	971
高考数学全国卷16道选择、填空题常考题型解题诀窍.文科	2020—01	88.00	1123
高中数学一题多解	2019—06	58.00	1087
历届中国高考数学试题及解答:1917—1999	2021—08	98.00	1371
2000～2003年全国及各省市高考数学试题及解答	2022—05	88.00	1499
2004年全国及各省市高考数学试题及解答	2023—08	78.00	1500
2005年全国及各省市高考数学试题及解答	2023—08	78.00	1501
2006年全国及各省市高考数学试题及解答	2023—08	88.00	1502
2007年全国及各省市高考数学试题及解答	2023—08	98.00	1503
2008年全国及各省市高考数学试题及解答	2023—08	88.00	1504
2009年全国及各省市高考数学试题及解答	2023—08	88.00	1505
2010年全国及各省市高考数学试题及解答	2023—08	98.00	1506
2011～2017年全国及各省市高考数学试题及解答	2024—01	78.00	1507
2018～2023年全国及各省市高考数学试题及解答	2024—03	78.00	1709
突破高原:高中数学解题思维探究	2021—08	48.00	1375
高考数学中的"取值范围"	2021—10	48.00	1429
新课程标准高中数学各种题型解法大全.必修一分册	2021—06	58.00	1315
新课程标准高中数学各种题型解法大全.必修二分册	2022—01	68.00	1471
高中数学各种题型解法大全.选择性必修一分册	2022—06	68.00	1525
高中数学各种题型解法大全.选择性必修二分册	2023—01	58.00	1600
高中数学各种题型解法大全.选择性必修三分册	2023—04	48.00	1643
高中数学专题研究	2024—05	88.00	1722
历届全国初中数学竞赛经典试题详解	2023—04	88.00	1624
孟祥礼高考数学精刷精解	2023—06	98.00	1663
新编640个世界著名数学智力趣题	2014—01	88.00	242
500个最新世界著名数学智力趣题	2008—06	48.00	3
400个最新世界著名数学最值问题	2008—09	48.00	36
500个世界著名数学征解问题	2009—06	48.00	52
400个中国最佳初等数学征解老问题	2010—01	48.00	60
500个俄罗斯数学经典老题	2011—01	28.00	81
1000个国外中学物理好题	2012—04	48.00	174
300个日本高考数学题	2012—05	38.00	142
700个早期日本高考数学试题	2017—02	88.00	752

刘培杰数学工作室
已出版(即将出版)图书目录——初等数学

书　名	出版时间	定　价	编号
500个前苏联早期高考数学试题及解答	2012—05	28.00	185
546个早期俄罗斯大学生数学竞赛题	2014—03	38.00	285
548个来自美苏的数学好问题	2014—11	28.00	396
20所苏联著名大学早期入学试题	2015—02	18.00	452
161道德国工科大学生必做的微分方程习题	2015—05	28.00	469
500个德国工科大学生必做的高数习题	2015—06	28.00	478
360个数学竞赛问题	2016—08	58.00	677
200个趣味数学故事	2018—02	48.00	857
470个数学奥林匹克中的最值问题	2018—10	88.00	985
德国讲义日本考题.微积分卷	2015—04	48.00	456
德国讲义日本考题.微分方程卷	2015—04	38.00	457
二十世纪中叶中、英、美、日、法、俄高考数学试题精选	2017—06	38.00	783
中国初等数学研究　2009卷(第1辑)	2009—05	20.00	45
中国初等数学研究　2010卷(第2辑)	2010—05	30.00	68
中国初等数学研究　2011卷(第3辑)	2011—07	60.00	127
中国初等数学研究　2012卷(第4辑)	2012—07	48.00	190
中国初等数学研究　2014卷(第5辑)	2014—02	48.00	288
中国初等数学研究　2015卷(第6辑)	2015—06	68.00	493
中国初等数学研究　2016卷(第7辑)	2016—04	68.00	609
中国初等数学研究　2017卷(第8辑)	2017—01	98.00	712
初等数学研究在中国.第1辑	2019—03	158.00	1024
初等数学研究在中国.第2辑	2019—10	158.00	1116
初等数学研究在中国.第3辑	2021—05	158.00	1306
初等数学研究在中国.第4辑	2022—06	158.00	1520
初等数学研究在中国.第5辑	2023—07	158.00	1635
几何变换(Ⅰ)	2014—07	28.00	353
几何变换(Ⅱ)	2015—06	28.00	354
几何变换(Ⅲ)	2015—01	38.00	355
几何变换(Ⅳ)	2015—12	38.00	356
初等数论难题集(第一卷)	2009—05	68.00	44
初等数论难题集(第二卷)(上、下)	2011—02	128.00	82,83
数论概貌	2011—03	18.00	93
代数数论(第二版)	2013—08	58.00	94
代数多项式	2014—06	38.00	289
初等数论的知识与问题	2011—02	28.00	95
超越数论基础	2011—03	28.00	96
数论初等教程	2011—03	28.00	97
数论基础	2011—03	18.00	98
数论基础与维诺格拉多夫	2014—03	18.00	292
解析数论基础	2012—08	28.00	216
解析数论基础(第二版)	2014—01	48.00	287
解析数论问题集(第二版)(原版引进)	2014—05	88.00	343
解析数论问题集(第二版)(中译本)	2016—04	88.00	607
解析数论基础(潘承洞,潘承彪著)	2016—07	98.00	673
解析数论导引	2016—07	58.00	674
数论入门	2011—03	38.00	99
代数数论入门	2015—03	38.00	448

刘培杰数学工作室
已出版(即将出版)图书目录——初等数学

书 名	出版时间	定 价	编号
数论开篇	2012—07	28.00	194
解析数论引论	2011—03	48.00	100
Barban Davenport Halberstam 均值和	2009—01	40.00	33
基础数论	2011—03	28.00	101
初等数论 100 例	2011—05	18.00	122
初等数论经典例题	2012—07	18.00	204
最新世界各国数学奥林匹克中的初等数论试题(上、下)	2012—01	138.00	144,145
初等数论(Ⅰ)	2012—01	18.00	156
初等数论(Ⅱ)	2012—01	18.00	157
初等数论(Ⅲ)	2012—01	28.00	158
平面几何与数论中未解决的新老问题	2013—01	68.00	229
代数数论简史	2014—11	28.00	408
代数数论	2015—09	88.00	532
代数、数论及分析习题集	2016—11	98.00	695
数论导引提要及习题解答	2016—01	48.00	559
素数定理的初等证明.第 2 版	2016—09	48.00	686
数论中的模函数与狄利克雷级数(第二版)	2017—11	78.00	837
数论:数学导引	2018—01	68.00	849
范氏大代数	2019—02	98.00	1016
解析数学讲义.第一卷,导来式及微分、积分、级数	2019—04	88.00	1021
解析数学讲义.第二卷,关于几何的应用	2019—04	68.00	1022
解析数学讲义.第三卷,解析函数论	2019—04	78.00	1023
分析·组合·数论纵横谈	2019—04	58.00	1039
Hall 代数:民国时期的中学数学课本:英文	2019—08	88.00	1106
基谢廖夫初等代数	2022—07	38.00	1531
基谢廖夫算术	2024—05	48.00	1725
数学精神巡礼	2019—01	58.00	731
数学眼光透视(第 2 版)	2017—06	78.00	732
数学思想领悟(第 2 版)	2018—01	68.00	733
数学方法溯源(第 2 版)	2018—08	68.00	734
数学解题引论	2017—05	58.00	735
数学史话览胜(第 2 版)	2017—01	48.00	736
数学应用展观(第 2 版)	2017—08	68.00	737
数学建模尝试	2018—04	48.00	738
数学竞赛采风	2018—01	68.00	739
数学测评探营	2019—05	58.00	740
数学技能操握	2018—03	48.00	741
数学欣赏拾趣	2018—02	48.00	742
从毕达哥拉斯到怀尔斯	2007—10	48.00	9
从迪利克雷到维斯卡尔迪	2008—01	48.00	21
从哥德巴赫到陈景润	2008—05	98.00	35
从庞加莱到佩雷尔曼	2011—08	138.00	136
博弈论精粹	2008—03	58.00	30
博弈论精粹.第二版(精装)	2015—01	88.00	461
数学 我爱你	2008—01	28.00	20
精神的圣徒 别样的人生——60 位中国数学家成长的历程	2008—09	48.00	39
数学史概论	2009—06	78.00	50

刘培杰数学工作室
已出版(即将出版)图书目录——初等数学

书　名	出版时间	定　价	编号
数学史概论(精装)	2013—03	158.00	272
数学史选讲	2016—01	48.00	544
斐波那契数列	2010—02	28.00	65
数学拼盘和斐波那契魔方	2010—07	38.00	72
斐波那契数列欣赏(第2版)	2018—08	58.00	948
Fibonacci数列中的明珠	2018—06	58.00	928
数学的创造	2011—02	48.00	85
数学美与创造力	2016—01	48.00	595
数海拾贝	2016—01	48.00	590
数学中的美(第2版)	2019—04	68.00	1057
数论中的美学	2014—12	38.00	351
数学王者　科学巨人——高斯	2015—01	28.00	428
振兴祖国数学的圆梦之旅:中国初等数学研究史话	2015—06	98.00	490
二十世纪中国数学史料研究	2015—10	48.00	536
《九章算法比类大全》校注	2024—06	198.00	1695
数字谜、数阵图与棋盘覆盖	2016—01	58.00	298
数学概念的进化:一个初步的研究	2023—07	68.00	1683
数学发现的艺术:数学探索中的合情推理	2016—07	58.00	671
活跃在数学中的参数	2016—07	48.00	675
数海趣史	2021—05	98.00	1314
玩转幻中之幻	2023—08	88.00	1682
数学艺术品	2023—09	98.00	1685
数学博弈与游戏	2023—10	68.00	1692
数学解题——靠数学思想给力(上)	2011—07	38.00	131
数学解题——靠数学思想给力(中)	2011—07	48.00	132
数学解题——靠数学思想给力(下)	2011—07	38.00	133
我怎样解题	2013—01	48.00	227
数学解题中的物理方法	2011—06	28.00	114
数学解题的特殊方法	2011—06	48.00	115
中学数学计算技巧(第2版)	2020—10	48.00	1220
中学数学证明方法	2012—01	58.00	117
数学趣题巧解	2012—03	28.00	128
高中数学教学通鉴	2015—05	58.00	479
和高中生漫谈:数学与哲学的故事	2014—08	28.00	369
算术问题集	2017—03	38.00	789
张教授讲数学	2018—07	38.00	933
陈永明实话实说数学教学	2020—04	68.00	1132
中学数学学科知识与教学能力	2020—06	58.00	1155
怎样把课讲好:大罕数学教学随笔	2022—03	58.00	1484
中国高考评价体系下高考数学探秘	2022—03	48.00	1487
数苑漫步	2024—01	58.00	1670
自主招生考试中的参数方程问题	2015—01	28.00	435
自主招生考试中的极坐标问题	2015—04	28.00	463
近年全国重点大学自主招生数学试题全解及研究.华约卷	2015—02	38.00	441
近年全国重点大学自主招生数学试题全解及研究.北约卷	2016—05	38.00	619
自主招生数学解证宝典	2015—09	48.00	535
中国科学技术大学创新班数学真题解析	2022—03	48.00	1488
中国科学技术大学创新班物理真题解析	2022—03	58.00	1489
格点和面积	2012—07	18.00	191
射影几何趣谈	2012—04	28.00	175
斯潘纳尔引理——从一道加拿大数学奥林匹克试题谈起	2014—01	28.00	228
李普希兹条件——从几道近年高考数学试题谈起	2012—10	18.00	221
拉格朗日中值定理——从一道北京高考试题的解法谈起	2015—10	18.00	197

刘培杰数学工作室
已出版(即将出版)图书目录——初等数学

书 名	出版时间	定 价	编号
闵科夫斯基定理——从一道清华大学自主招生试题谈起	2014-01	28.00	198
哈尔测度——从一道冬令营试题的背景谈起	2012-08	28.00	202
切比雪夫逼近问题——从一道中国台北数学奥林匹克试题谈起	2013-04	38.00	238
伯恩斯坦多项式与贝齐尔曲面——从一道全国高中数学联赛试题谈起	2013-03	38.00	236
卡塔兰猜想——从一道普特南竞赛试题谈起	2013-06	18.00	256
麦卡锡函数和阿克曼函数——从一道前南斯拉夫数学奥林匹克试题谈起	2012-08	18.00	201
贝蒂定理与拉姆贝克莫斯尔定理——从一个拣石子游戏谈起	2012-08	18.00	217
皮亚诺曲线和豪斯道夫分球定理——从无限集谈起	2012-08	18.00	211
平面凸图形与凸多面体	2012-10	28.00	218
斯坦因豪斯问题——从一道二十五省市自治区中学数学竞赛试题谈起	2012-07	18.00	196
纽结理论中的亚历山大多项式与琼斯多项式——从一道北京市高一数学竞赛试题谈起	2012-07	28.00	195
原则与策略——从波利亚"解题表"谈起	2013-04	38.00	244
转化与化归——从三大尺规作图不能问题谈起	2012-08	28.00	214
代数几何中的贝祖定理(第一版)——从一道IMO试题的解法谈起	2013-08	18.00	193
成功连贯理论与约当块理论——从一道比利时数学竞赛试题谈起	2012-04	18.00	180
素数判定与大数分解	2014-08	18.00	199
置换多项式及其应用	2012-10	18.00	220
椭圆函数与模函数——从一道美国加州大学洛杉矶分校(UCLA)博士资格考题谈起	2012-10	28.00	219
差分方程的拉格朗日方法——从一道2011年全国高考理科试题的解法谈起	2012-08	28.00	200
力学在几何中的一些应用	2013-01	38.00	240
从根式解到伽罗华理论	2020-01	48.00	1121
康托洛维奇不等式——从一道全国高中联赛试题谈起	2013-03	28.00	337
西格尔引理——从一道第18届IMO试题的解法谈起	即将出版		
罗斯定理——从一道前苏联数学竞赛试题谈起	即将出版		
拉克斯定理和阿廷定理——从一道IMO试题的解法谈起	2014-01	58.00	246
毕卡大定理——从一道美国大学数学竞赛试题谈起	2014-07	18.00	350
贝齐尔曲线——从一道全国高中联赛试题谈起	即将出版		
拉格朗日乘子定理——从一道2005年全国高中联赛试题的高等数学解法谈起	2015-05	28.00	480
雅可比定理——从一道日本数学奥林匹克试题谈起	2013-04	48.00	249
李天岩—约克定理——从一道波兰数学竞赛试题谈起	2014-06	28.00	349
受控理论与初等不等式:从一道IMO试题的解法谈起	2023-03	48.00	1601
布劳维不动点定理——从一道前苏联数学奥林匹克试题谈起	2014-01	38.00	273
伯恩赛德定理——从一道英国数学奥林匹克试题谈起	即将出版		
布查特—莫斯特定理——从一道上海市初中竞赛试题谈起	即将出版		
数论中的同余数问题——从一道普特南竞赛试题谈起	即将出版		
范·德蒙行列式——从一道美国数学奥林匹克试题谈起	即将出版		
中国剩余定理:总数法构建中国历史年表	2015-01	28.00	430
牛顿程序与方程求根——从一道全国高考试题解法谈起	即将出版		
库默尔定理——从一道IMO预选试题谈起	即将出版		
卢丁定理——从一道冬令营试题的解法谈起	即将出版		
沃斯滕霍姆定理——从一道IMO预选试题谈起	即将出版		
卡尔松不等式——从一道莫斯科数学奥林匹克试题谈起	即将出版		
信息论中的香农熵——从一道近年高考压轴题谈起	即将出版		

刘培杰数学工作室
已出版(即将出版)图书目录——初等数学

书　名	出版时间	定　价	编号
约当不等式——从一道希望杯竞赛试题谈起	即将出版		
拉比诺维奇定理	即将出版		
刘维尔定理——从一道《美国数学月刊》征解问题的解法谈起	即将出版		
卡塔兰恒等式与级数求和——从一道 IMO 试题的解法谈起	即将出版		
勒让德猜想与素数分布——从一道爱尔兰竞赛试题谈起	即将出版		
天平称重与信息论——从一道基辅市数学奥林匹克试题谈起	即将出版		
哈密尔顿－凯莱定理：从一道高中数学联赛试题的解法谈起	2014-09	18.00	376
艾思特曼定理——从一道 CMO 试题的解法谈起	即将出版		
阿贝尔恒等式与经典不等式及应用	2018-06	98.00	923
迪利克雷除数问题	2018-07	48.00	930
幻方、幻立方与拉丁方	2019-08	48.00	1092
帕斯卡三角形	2014-03	18.00	294
蒲丰投针问题——从2009年清华大学的一道自主招生试题谈起	2014-01	38.00	295
斯图姆定理——从一道"华约"自主招生试题的解法谈起	2014-01	18.00	296
许瓦兹引理——从一道加利福尼亚大学伯克利分校数学系博士生试题谈起	2014-08	18.00	297
拉姆塞定理——从王诗宬院士的一个问题谈起	2016-04	48.00	299
坐标法	2013-12	28.00	332
数论三角形	2014-04	38.00	341
毕克定理	2014-07	18.00	352
数林掠影	2014-09	48.00	389
我们周围的概率	2014-10	38.00	390
凸函数最值定理：从一道华约自主招生题的解法谈起	2014-10	28.00	391
易学与数学奥林匹克	2014-10	38.00	392
生物数学趣谈	2015-01	18.00	409
反演	2015-01	28.00	420
因式分解与圆锥曲线	2015-01	18.00	426
轨迹	2015-01	28.00	427
面积原理：从常庚哲命的一道 CMO 试题的积分解法谈起	2015-01	48.00	431
形形色色的不动点定理：从一道28届 IMO 试题谈起	2015-01	38.00	439
柯西函数方程：从一道上海交大自主招生的试题谈起	2015-02	28.00	440
三角恒等式	2015-02	28.00	442
无理性判定：从一道2014年"北约"自主招生试题谈起	2015-01	38.00	443
数学归纳法	2015-03	18.00	451
极端原理与解题	2015-04	28.00	464
法雷级数	2014-08	18.00	367
摆线族	2015-01	38.00	438
函数方程及其解法	2015-05	38.00	470
含参数的方程和不等式	2012-09	28.00	213
希尔伯特第十问题	2016-01	38.00	543
无穷小量的求和	2016-01	28.00	545
切比雪夫多项式：从一道清华大学金秋营试题谈起	2016-01	38.00	583
泽肯多夫定理	2016-03	38.00	599
代数等式证题法	2016-01	28.00	600
三角等式证题法	2016-01	28.00	601
吴大任教授藏书中的一个因式分解公式：从一道美国数学邀请赛试题的解法谈起	2016-06	28.00	656
易卦——类万物的数学模型	2017-08	68.00	838
"不可思议"的数与数系可持续发展	2018-01	38.00	878
最短线	2018-01	38.00	879
数学在天文、地理、光学、机械力学中的一些应用	2023-03	88.00	1576
从阿基米德三角形谈起	2023-01	28.00	1578

刘培杰数学工作室
已出版(即将出版)图书目录——初等数学

书 名	出版时间	定价	编号
幻方和魔方(第一卷)	2012—05	68.00	173
尘封的经典——初等数学经典文献选读(第一卷)	2012—07	48.00	205
尘封的经典——初等数学经典文献选读(第二卷)	2012—07	38.00	206
初级方程式论	2011—03	28.00	106
初等数学研究(Ⅰ)	2008—09	68.00	37
初等数学研究(Ⅱ)(上、下)	2009—05	118.00	46,47
初等数学专题研究	2022—10	68.00	1568
趣味初等方程妙题集锦	2014—09	48.00	388
趣味初等数论选美与欣赏	2015—02	48.00	445
耕读笔记(上卷):一位农民数学爱好者的初数探索	2015—04	28.00	459
耕读笔记(中卷):一位农民数学爱好者的初数探索	2015—05	28.00	483
耕读笔记(下卷):一位农民数学爱好者的初数探索	2015—05	28.00	484
几何不等式研究与欣赏.上卷	2016—01	88.00	547
几何不等式研究与欣赏.下卷	2016—01	48.00	552
初等数列研究与欣赏·上	2016—01	48.00	570
初等数列研究与欣赏·下	2016—01	48.00	571
趣味初等函数研究与欣赏.上	2016—09	48.00	684
趣味初等函数研究与欣赏.下	2018—09	48.00	685
三角不等式研究与欣赏	2020—10	68.00	1197
新编平面解析几何解题方法研究与欣赏	2021—10	78.00	1426
火柴游戏(第2版)	2022—05	38.00	1493
智力解谜.第1卷	2017—07	38.00	613
智力解谜.第2卷	2017—07	38.00	614
故事智力	2016—07	48.00	615
名人们喜欢的智力问题	2020—01	48.00	616
数学大师的发现、创造与失误	2018—01	48.00	617
异曲同工	2018—09	48.00	618
数学的味道(第2版)	2023—10	68.00	1686
数学千字文	2018—10	68.00	977
数贝偶拾——高考数学题研究	2014—04	28.00	274
数贝偶拾——初等数学研究	2014—04	38.00	275
数贝偶拾——奥数题研究	2014—04	48.00	276
钱昌本教你快乐学数学(上)	2011—12	48.00	155
钱昌本教你快乐学数学(下)	2012—03	58.00	171
集合、函数与方程	2014—01	28.00	300
数列与不等式	2014—01	38.00	301
三角与平面向量	2014—01	28.00	302
平面解析几何	2014—01	38.00	303
立体几何与组合	2014—01	28.00	304
极限与导数、数学归纳法	2014—01	38.00	305
趣味数学	2014—03	28.00	306
教材教法	2014—04	68.00	307
自主招生	2014—05	58.00	308
高考压轴题(上)	2015—01	48.00	309
高考压轴题(下)	2014—10	68.00	310

刘培杰数学工作室
已出版(即将出版)图书目录——初等数学

书　名	出版时间	定　价	编号
从费马到怀尔斯——费马大定理的历史	2013—10	198.00	I
从庞加莱到佩雷尔曼——庞加莱猜想的历史	2013—10	298.00	II
从切比雪夫到爱尔特希(上)——素数定理的初等证明	2013—07	48.00	III
从切比雪夫到爱尔特希(下)——素数定理100年	2012—12	98.00	III
从高斯到盖尔方特——二次域的高斯猜想	2013—10	198.00	IV
从库默尔到朗兰兹——朗兰兹猜想的历史	2014—01	98.00	V
从比勒巴赫到德布朗斯——比勒巴赫猜想的历史	2014—02	298.00	VI
从麦比乌斯到陈省身——麦比乌斯变换与麦比乌斯带	2014—02	298.00	VII
从布尔到豪斯道夫——布尔方程与格论漫谈	2013—10	198.00	VIII
从开普勒到阿诺德——三体问题的历史	2014—05	298.00	IX
从华林到华罗庚——华林问题的历史	2013—10	298.00	X
美国高中数学竞赛五十讲.第1卷(英文)	2014—08	28.00	357
美国高中数学竞赛五十讲.第2卷(英文)	2014—08	28.00	358
美国高中数学竞赛五十讲.第3卷(英文)	2014—09	28.00	359
美国高中数学竞赛五十讲.第4卷(英文)	2014—09	28.00	360
美国高中数学竞赛五十讲.第5卷(英文)	2014—10	28.00	361
美国高中数学竞赛五十讲.第6卷(英文)	2014—11	28.00	362
美国高中数学竞赛五十讲.第7卷(英文)	2014—12	28.00	363
美国高中数学竞赛五十讲.第8卷(英文)	2015—01	28.00	364
美国高中数学竞赛五十讲.第9卷(英文)	2015—01	28.00	365
美国高中数学竞赛五十讲.第10卷(英文)	2015—02	38.00	366
三角函数(第2版)	2017—04	38.00	626
不等式	2014—01	38.00	312
数列	2014—01	38.00	313
方程(第2版)	2017—04	38.00	624
排列和组合	2014—01	28.00	315
极限与导数(第2版)	2016—04	38.00	635
向量(第2版)	2018—08	58.00	627
复数及其应用	2014—08	28.00	318
函数	2014—01	38.00	319
集合	2020—01	48.00	320
直线与平面	2014—01	28.00	321
立体几何(第2版)	2016—04	38.00	629
解三角形	即将出版		323
直线与圆(第2版)	2016—11	38.00	631
圆锥曲线(第2版)	2016—09	48.00	632
解题通法(一)	2014—07	38.00	326
解题通法(二)	2014—07	38.00	327
解题通法(三)	2014—05	38.00	328
概率与统计	2014—01	28.00	329
信息迁移与算法	即将出版		330

刘培杰数学工作室
已出版(即将出版)图书目录——初等数学

书　名	出版时间	定　价	编号
IMO 50 年.第 1 卷(1959—1963)	2014—11	28.00	377
IMO 50 年.第 2 卷(1964—1968)	2014—11	28.00	378
IMO 50 年.第 3 卷(1969—1973)	2014—09	28.00	379
IMO 50 年.第 4 卷(1974—1978)	2016—04	38.00	380
IMO 50 年.第 5 卷(1979—1984)	2015—04	38.00	381
IMO 50 年.第 6 卷(1985—1989)	2015—04	58.00	382
IMO 50 年.第 7 卷(1990—1994)	2016—01	48.00	383
IMO 50 年.第 8 卷(1995—1999)	2016—06	38.00	384
IMO 50 年.第 9 卷(2000—2004)	2015—04	58.00	385
IMO 50 年.第 10 卷(2005—2009)	2016—01	48.00	386
IMO 50 年.第 11 卷(2010—2015)	2017—03	48.00	646
数学反思(2006—2007)	2020—09	88.00	915
数学反思(2008—2009)	2019—01	68.00	917
数学反思(2010—2011)	2018—05	58.00	916
数学反思(2012—2013)	2019—01	58.00	918
数学反思(2014—2015)	2019—03	78.00	919
数学反思(2016—2017)	2021—03	58.00	1286
数学反思(2018—2019)	2023—01	88.00	1593
历届美国大学生数学竞赛试题集.第一卷(1938—1949)	2015—01	28.00	397
历届美国大学生数学竞赛试题集.第二卷(1950—1959)	2015—01	28.00	398
历届美国大学生数学竞赛试题集.第三卷(1960—1969)	2015—01	28.00	399
历届美国大学生数学竞赛试题集.第四卷(1970—1979)	2015—01	18.00	400
历届美国大学生数学竞赛试题集.第五卷(1980—1989)	2015—01	28.00	401
历届美国大学生数学竞赛试题集.第六卷(1990—1999)	2015—01	28.00	402
历届美国大学生数学竞赛试题集.第七卷(2000—2009)	2015—08	18.00	403
历届美国大学生数学竞赛试题集.第八卷(2010—2012)	2015—01	18.00	404
新课标高考数学创新题解题诀窍:总论	2014—09	28.00	372
新课标高考数学创新题解题诀窍:必修 1～5 分册	2014—08	38.00	373
新课标高考数学创新题解题诀窍:选修 2—1,2—2,1—1, 1—2 分册	2014—09	38.00	374
新课标高考数学创新题解题诀窍:选修 2—3,4—4,4—5 分册	2014—09	18.00	375
全国重点大学自主招生英文数学试题全攻略:词汇卷	2015—07	48.00	410
全国重点大学自主招生英文数学试题全攻略:概念卷	2015—01	28.00	411
全国重点大学自主招生英文数学试题全攻略:文章选读卷(上)	2016—09	38.00	412
全国重点大学自主招生英文数学试题全攻略:文章选读卷(下)	2017—01	58.00	413
全国重点大学自主招生英文数学试题全攻略:试题卷	2015—07	38.00	414
全国重点大学自主招生英文数学试题全攻略:名著欣赏卷	2017—03	48.00	415
劳埃德数学趣题大全.题目卷.1:英文	2016—01	18.00	516
劳埃德数学趣题大全.题目卷.2:英文	2016—01	18.00	517
劳埃德数学趣题大全.题目卷.3:英文	2016—01	18.00	518
劳埃德数学趣题大全.题目卷.4:英文	2016—01	18.00	519
劳埃德数学趣题大全.题目卷.5:英文	2016—01	18.00	520
劳埃德数学趣题大全.答案卷:英文	2016—01	18.00	521

刘培杰数学工作室
已出版(即将出版)图书目录——初等数学

书　名	出版时间	定　价	编号
李成章教练奥数笔记.第1卷	2016—01	48.00	522
李成章教练奥数笔记.第2卷	2016—01	48.00	523
李成章教练奥数笔记.第3卷	2016—01	38.00	524
李成章教练奥数笔记.第4卷	2016—01	38.00	525
李成章教练奥数笔记.第5卷	2016—01	38.00	526
李成章教练奥数笔记.第6卷	2016—01	38.00	527
李成章教练奥数笔记.第7卷	2016—01	38.00	528
李成章教练奥数笔记.第8卷	2016—01	48.00	529
李成章教练奥数笔记.第9卷	2016—01	28.00	530
第19~23届"希望杯"全国数学邀请赛试题审题要津详细评注(初一版)	2014—03	28.00	333
第19~23届"希望杯"全国数学邀请赛试题审题要津详细评注(初二、初三版)	2014—03	38.00	334
第19~23届"希望杯"全国数学邀请赛试题审题要津详细评注(高一版)	2014—03	28.00	335
第19~23届"希望杯"全国数学邀请赛试题审题要津详细评注(高二版)	2014—03	38.00	336
第19~25届"希望杯"全国数学邀请赛试题审题要津详细评注(初一版)	2015—01	38.00	416
第19~25届"希望杯"全国数学邀请赛试题审题要津详细评注(初二、初三版)	2015—01	58.00	417
第19~25届"希望杯"全国数学邀请赛试题审题要津详细评注(高一版)	2015—01	48.00	418
第19~25届"希望杯"全国数学邀请赛试题审题要津详细评注(高二版)	2015—01	48.00	419
物理奥林匹克竞赛大题典——力学卷	2014—11	48.00	405
物理奥林匹克竞赛大题典——热学卷	2014—04	28.00	339
物理奥林匹克竞赛大题典——电磁学卷	2015—07	48.00	406
物理奥林匹克竞赛大题典——光学与近代物理卷	2014—06	28.00	345
历届中国东南地区数学奥林匹克试题及解答	2024—06	68.00	1724
历届中国西部地区数学奥林匹克试题集(2001~2012)	2014—07	18.00	347
历届中国女子数学奥林匹克试题集(2002~2012)	2014—08	18.00	348
数学奥林匹克在中国	2014—06	98.00	344
数学奥林匹克问题集	2014—01	38.00	267
数学奥林匹克不等式散论	2010—06	38.00	124
数学奥林匹克不等式欣赏	2011—09	38.00	138
数学奥林匹克超级题库(初中卷上)	2010—01	58.00	66
数学奥林匹克不等式证明方法和技巧(上、下)	2011—08	158.00	134,135
他们学什么:原民主德国中学数学课本	2016—09	38.00	658
他们学什么:英国中学数学课本	2016—09	38.00	659
他们学什么:法国中学数学课本.1	2016—09	38.00	660
他们学什么:法国中学数学课本.2	2016—09	28.00	661
他们学什么:法国中学数学课本.3	2016—09	38.00	662
他们学什么:苏联中学数学课本	2016—09	28.00	679

刘培杰数学工作室
已出版(即将出版)图书目录——初等数学

书　名	出版时间	定　价	编号
高中数学题典——集合与简易逻辑·函数	2016—07	48.00	647
高中数学题典——导数	2016—07	48.00	648
高中数学题典——三角函数·平面向量	2016—07	48.00	649
高中数学题典——数列	2016—07	58.00	650
高中数学题典——不等式·推理与证明	2016—07	38.00	651
高中数学题典——立体几何	2016—07	48.00	652
高中数学题典——平面解析几何	2016—07	78.00	653
高中数学题典——计数原理·统计·概率·复数	2016—07	48.00	654
高中数学题典——算法·平面几何·初等数论·组合数学·其他	2016—07	68.00	655
台湾地区奥林匹克数学竞赛试题.小学一年级	2017—03	38.00	722
台湾地区奥林匹克数学竞赛试题.小学二年级	2017—03	38.00	723
台湾地区奥林匹克数学竞赛试题.小学三年级	2017—03	38.00	724
台湾地区奥林匹克数学竞赛试题.小学四年级	2017—03	38.00	725
台湾地区奥林匹克数学竞赛试题.小学五年级	2017—03	38.00	726
台湾地区奥林匹克数学竞赛试题.小学六年级	2017—03	38.00	727
台湾地区奥林匹克数学竞赛试题.初中一年级	2017—03	38.00	728
台湾地区奥林匹克数学竞赛试题.初中二年级	2017—03	38.00	729
台湾地区奥林匹克数学竞赛试题.初中三年级	2017—03	28.00	730
不等式证题法	2017—04	28.00	747
平面几何培优教程	2019—08	88.00	748
奥数鼎级培优教程.高一分册	2018—09	88.00	749
奥数鼎级培优教程.高二分册.上	2018—04	68.00	750
奥数鼎级培优教程.高二分册.下	2018—04	68.00	751
高中数学竞赛冲刺宝典	2019—04	68.00	883
初中尖子生数学超级题典.实数	2017—07	58.00	792
初中尖子生数学超级题典.式、方程与不等式	2017—08	58.00	793
初中尖子生数学超级题典.圆、面积	2017—08	38.00	794
初中尖子生数学超级题典.函数、逻辑推理	2017—08	48.00	795
初中尖子生数学超级题典.角、线段、三角形与多边形	2017—07	58.00	796
数学王子——高斯	2018—01	48.00	858
坎坷奇星——阿贝尔	2018—01	48.00	859
闪烁奇星——伽罗瓦	2018—01	58.00	860
无穷统帅——康托尔	2018—01	48.00	861
科学公主——柯瓦列夫斯卡娅	2018—01	48.00	862
抽象代数之母——埃米·诺特	2018—01	48.00	863
电脑先驱——图灵	2018—01	58.00	864
昔日神童——维纳	2018—01	48.00	865
数坛怪侠——爱尔特希	2018—01	68.00	866
传奇数学家徐利治	2019—09	88.00	1110

刘培杰数学工作室
已出版(即将出版)图书目录——初等数学

书 名	出版时间	定 价	编号
当代世界中的数学.数学思想与数学基础	2019-01	38.00	892
当代世界中的数学.数学问题	2019-01	38.00	893
当代世界中的数学.应用数学与数学应用	2019-01	38.00	894
当代世界中的数学.数学王国的新疆域(一)	2019-01	38.00	895
当代世界中的数学.数学王国的新疆域(二)	2019-01	38.00	896
当代世界中的数学.数林撷英(一)	2019-01	38.00	897
当代世界中的数学.数林撷英(二)	2019-01	48.00	898
当代世界中的数学.数学之路	2019-01	38.00	899
105个代数问题:来自AwesomeMath夏季课程	2019-02	58.00	956
106个几何问题:来自AwesomeMath夏季课程	2020-07	58.00	957
107个几何问题:来自AwesomeMath全年课程	2020-07	58.00	958
108个代数问题:来自AwesomeMath全年课程	2019-01	68.00	959
109个不等式:来自AwesomeMath夏季课程	2019-04	58.00	960
110个几何问题:选自各国数学奥林匹克竞赛	2024-04	58.00	961
111个代数和数论问题	2019-05	58.00	962
112个组合问题:来自AwesomeMath夏季课程	2019-05	58.00	963
113个几何不等式:来自AwesomeMath夏季课程	2020-08	58.00	964
114个指数和对数问题:来自AwesomeMath夏季课程	2019-09	48.00	965
115个三角问题:来自AwesomeMath夏季课程	2019-09	58.00	966
116个代数不等式:来自AwesomeMath全年课程	2019-04	58.00	967
117个多项式问题:来自AwesomeMath夏季课程	2021-09	58.00	1409
118个数学竞赛不等式	2022-08	78.00	1526
119个三角问题	2024-05	58.00	1726
紫色彗星国际数学竞赛试题	2019-02	58.00	999
数学竞赛中的数学:为数学爱好者、父母、教师和教练准备的丰富资源.第一部	2020-04	58.00	1141
数学竞赛中的数学:为数学爱好者、父母、教师和教练准备的丰富资源.第二部	2020-07	48.00	1142
和与积	2020-10	38.00	1219
数论:概念和问题	2020-12	68.00	1257
初等数学问题研究	2021-03	48.00	1270
数学奥林匹克中的欧几里得几何	2021-10	68.00	1413
数学奥林匹克题解新编	2022-01	58.00	1430
图论入门	2022-09	58.00	1554
新的、更新的、最新的不等式	2023-07	58.00	1650
几何不等式相关问题	2024-04	58.00	1721
数学归纳法——一种高效而简捷的证明方法	2024-06	48.00	1738
数学竞赛中奇妙的多项式	2024-01	78.00	1646
120个奇妙的代数问题及20个奖励问题	2024-04	48.00	1647

刘培杰数学工作室
已出版(即将出版)图书目录——初等数学

书　名	出版时间	定　价	编号
澳大利亚中学数学竞赛试题及解答(初级卷)1978～1984	2019—02	28.00	1002
澳大利亚中学数学竞赛试题及解答(初级卷)1985～1991	2019—02	28.00	1003
澳大利亚中学数学竞赛试题及解答(初级卷)1992～1998	2019—02	28.00	1004
澳大利亚中学数学竞赛试题及解答(初级卷)1999～2005	2019—02	28.00	1005
澳大利亚中学数学竞赛试题及解答(中级卷)1978～1984	2019—03	28.00	1006
澳大利亚中学数学竞赛试题及解答(中级卷)1985～1991	2019—03	28.00	1007
澳大利亚中学数学竞赛试题及解答(中级卷)1992～1998	2019—03	28.00	1008
澳大利亚中学数学竞赛试题及解答(中级卷)1999～2005	2019—03	28.00	1009
澳大利亚中学数学竞赛试题及解答(高级卷)1978～1984	2019—05	28.00	1010
澳大利亚中学数学竞赛试题及解答(高级卷)1985～1991	2019—05	28.00	1011
澳大利亚中学数学竞赛试题及解答(高级卷)1992～1998	2019—05	28.00	1012
澳大利亚中学数学竞赛试题及解答(高级卷)1999～2005	2019—05	28.00	1013
天才中小学生智力测验题.第一卷	2019—03	38.00	1026
天才中小学生智力测验题.第二卷	2019—03	38.00	1027
天才中小学生智力测验题.第三卷	2019—03	38.00	1028
天才中小学生智力测验题.第四卷	2019—03	38.00	1029
天才中小学生智力测验题.第五卷	2019—03	38.00	1030
天才中小学生智力测验题.第六卷	2019—03	38.00	1031
天才中小学生智力测验题.第七卷	2019—03	38.00	1032
天才中小学生智力测验题.第八卷	2019—03	38.00	1033
天才中小学生智力测验题.第九卷	2019—03	38.00	1034
天才中小学生智力测验题.第十卷	2019—03	38.00	1035
天才中小学生智力测验题.第十一卷	2019—03	38.00	1036
天才中小学生智力测验题.第十二卷	2019—03	38.00	1037
天才中小学生智力测验题.第十三卷	2019—03	38.00	1038
重点大学自主招生数学备考全书:函数	2020—05	48.00	1047
重点大学自主招生数学备考全书:导数	2020—08	48.00	1048
重点大学自主招生数学备考全书:数列与不等式	2019—10	78.00	1049
重点大学自主招生数学备考全书:三角函数与平面向量	2020—08	68.00	1050
重点大学自主招生数学备考全书:平面解析几何	2020—07	58.00	1051
重点大学自主招生数学备考全书:立体几何与平面几何	2019—08	48.00	1052
重点大学自主招生数学备考全书:排列组合・概率统计・复数	2019—09	48.00	1053
重点大学自主招生数学备考全书:初等数论与组合数学	2019—08	48.00	1054
重点大学自主招生数学备考全书:重点大学自主招生真题.上	2019—04	68.00	1055
重点大学自主招生数学备考全书:重点大学自主招生真题.下	2019—04	58.00	1056
高中数学竞赛培训教程:平面几何问题的求解方法与策略.上	2018—05	68.00	906
高中数学竞赛培训教程:平面几何问题的求解方法与策略.下	2018—06	78.00	907
高中数学竞赛培训教程:整除与同余以及不定方程	2018—01	88.00	908
高中数学竞赛培训教程:组合计数与组合极值	2018—04	48.00	909
高中数学竞赛培训教程:初等代数	2019—04	78.00	1042
高中数学讲座:数学竞赛基础教程(第一册)	2019—06	48.00	1094
高中数学讲座:数学竞赛基础教程(第二册)	即将出版		1095
高中数学讲座:数学竞赛基础教程(第三册)	即将出版		1096
高中数学讲座:数学竞赛基础教程(第四册)	即将出版		1097

刘培杰数学工作室
已出版(即将出版)图书目录——初等数学

书　　名	出版时间	定　价	编号
新编中学数学解题方法1000招丛书.实数(初中版)	2022—05	58.00	1291
新编中学数学解题方法1000招丛书.式(初中版)	2022—05	48.00	1292
新编中学数学解题方法1000招丛书.方程与不等式(初中版)	2021—04	58.00	1293
新编中学数学解题方法1000招丛书.函数(初中版)	2022—05	38.00	1294
新编中学数学解题方法1000招丛书.角(初中版)	2022—05	48.00	1295
新编中学数学解题方法1000招丛书.线段(初中版)	2022—05	48.00	1296
新编中学数学解题方法1000招丛书.三角形与多边形(初中版)	2021—04	48.00	1297
新编中学数学解题方法1000招丛书.圆(初中版)	2022—05	48.00	1298
新编中学数学解题方法1000招丛书.面积(初中版)	2021—07	28.00	1299
新编中学数学解题方法1000招丛书.逻辑推理(初中版)	2022—06	48.00	1300
高中数学题典精编.第一辑.函数	2022—01	58.00	1444
高中数学题典精编.第一辑.导数	2022—01	68.00	1445
高中数学题典精编.第一辑.三角函数·平面向量	2022—01	68.00	1446
高中数学题典精编.第一辑.数列	2022—01	58.00	1447
高中数学题典精编.第一辑.不等式·推理与证明	2022—01	58.00	1448
高中数学题典精编.第一辑.立体几何	2022—01	58.00	1449
高中数学题典精编.第一辑.平面解析几何	2022—01	68.00	1450
高中数学题典精编.第一辑.统计·概率·平面几何	2022—01	58.00	1451
高中数学题典精编.第一辑.初等数论·组合数学·数学文化·解题方法	2022—01	58.00	1452
历届全国初中数学竞赛试题分类解析.初等代数	2022—09	98.00	1555
历届全国初中数学竞赛试题分类解析.初等数论	2022—09	48.00	1556
历届全国初中数学竞赛试题分类解析.平面几何	2022—09	38.00	1557
历届全国初中数学竞赛试题分类解析.组合	2022—09	38.00	1558
从三道高三数学模拟题的背景谈起:兼谈傅里叶三角级数	2023—03	48.00	1651
从一道日本东京大学的入学试题谈起:兼谈π的方方面面	即将出版		1652
从两道2021年福建高三数学测试题谈起:兼谈球面几何学与球面三角学	即将出版		1653
从一道湖南高考数学试题谈起:兼谈有界变差数列	2024—01	48.00	1654
从一道高校自主招生试题谈起:兼谈詹森函数方程	即将出版		1655
从一道上海高考数学试题谈起:兼谈有界变差函数	即将出版		1656
从一道北京大学金秋营数学试题的解法谈起:兼谈伽罗瓦理论	即将出版		1657
从一道北京高考数学试题的解法谈起:兼谈毕克定理	即将出版		1658
从一道北京大学金秋营数学试题的解法谈起:兼谈帕塞瓦尔恒等式	即将出版		1659
从一道高三数学模拟测试题的背景谈起:兼谈等周问题与等周不等式	即将出版		1660
从一道2020年全国高考数学试题的解法谈起:兼谈斐波那契数列和纳卡穆拉定理及奥斯图达定理	即将出版		1661
从一道高考数学附加题谈起:兼谈广义斐波那契数列	即将出版		1662

刘培杰数学工作室
已出版(即将出版)图书目录——初等数学

书　名	出版时间	定　价	编号
代数学教程.第一卷,集合论	2023—08	58.00	1664
代数学教程.第二卷,抽象代数基础	2023—08	68.00	1665
代数学教程.第三卷,数论原理	2023—08	58.00	1666
代数学教程.第四卷,代数方程式论	2023—08	48.00	1667
代数学教程.第五卷,多项式理论	2023—08	58.00	1668
代数学教程.第六卷,线性代数原理	2024—06	98.00	1669
中考数学培优教程——二次函数卷	2024—05	78.00	1718
中考数学培优教程——平面几何最值卷	2024—05	58.00	1719
中考数学培优教程——专题讲座卷	2024—05	58.00	1720

联系地址:哈尔滨市南岗区复华四道街10号　哈尔滨工业大学出版社刘培杰数学工作室
邮　　编:150006
联系电话:0451—86281378　　13904613167
E-mail:lpj1378@163.com